大数据管理与应用

新形态精品教材

Python

数据可视化

微课版

吕云翔 杨壮◎主编

姚泽良 王志鹏 陈天异◎副主编

人民邮电出版社

北 京

图书在版编目（CIP）数据

Python 数据可视化：微课版 / 吕云翔，杨壮主编.
北京：人民邮电出版社，2025. -- （大数据管理与应用
新形态精品教材）. -- ISBN 978-7-115-65617-9

Ⅰ. TP311.561

中国国家版本馆 CIP 数据核字第 2024QN5857 号

内 容 提 要

本书从实践出发，全面介绍 Python 数据可视化的基础知识及实践技能。全书共 3 篇，分别是数据可视化基础知识、Python 数据可视化技术、综合数据可视化案例。数据可视化基础知识篇包括第 1～3 章，首先介绍数据可视化的基础理论，包括概念、发展历程、流程、数据的组织管理与可视化设计原则，随后深入探讨各种 Python 数据可视化库，如 Matplotlib、Seaborn、Plotly 等，以及 Python 的数据读取与处理。Python 数据可视化技术篇包括第 4～8 章，主要介绍不同类型数据的可视化方法，包括时间数据、关系数据、比例数据、文本数据和复杂数据。综合数据可视化案例篇包括第 9～11 章，通过具体案例讲解数据可视化的综合应用，包括医疗花费预测、影评数据分析与电影推荐、新生数据分析与可视化。

本书可作为高等院校大数据管理与应用、电子商务等专业相关课程的教材，也可作为从事数据可视化、数据分析等相关工作人员的参考书。

◆ 主　编　吕云翔　杨　壮
　　副主编　姚泽良　王志鹏　陈天昪
　　责任编辑　赵广宇
　　责任印制　胡　南

◆ 人民邮电出版社出版发行　　北京市丰台区成寿寺路 11 号
　　邮编　100164　电子邮件　315@ptpress.com.cn
　　网址　https://www.ptpress.com.cn
　　三河市中晟雅豪印务有限公司印刷

◆ 开本：787×1092　1/16
　　印张：10.25　　　　　　　　　　　2025 年 1 月第 1 版
　　字数：210 千字　　　　　　　　　2025 年 1 月河北第 1 次印刷

定价：49.80 元

读者服务热线：(010)81055256　印装质量热线：(010)81055316
反盗版热线：(010)81055315
广告经营许可证：京东市监广登字 20170147 号

前　言

随着大数据产业的蓬勃发展，数据可视化已成为各个领域传递信息的重要手段。数据可视化可以帮助用户一目了然地观察和分析数据中的复杂信息，可以为企业决策提供积极的帮助。金融、零售、交通、物流等许多行业对数据可视化的岗位需求不断增加，拥有数据可视化技能的人才更是各类企业争夺的热门对象。

作为一种强大的编程语言，Python在数据可视化领域扮演着核心角色。其丰富的数据可视化库（如Matplotlib、Seaborn、Plotly等）可以为处理大规模、多样化的数据并实现可视化提供便利。通过合理的可视化设计，使用Python将关键数据整合到仪表盘中，可帮助用户从繁杂的数据中提取出有价值的信息。此外，结合机器学习等技术，使用Python进行数据可视化不仅有助于理解历史数据的规律，还能预测未来趋势，从而帮助企业在这个瞬息万变的网络时代占得市场先机。

数据可视化并不意味着所有数据都必须可视化，虽然现在计算机硬件的性能在飞速提升，但是如果实现所有数据的可视化则会导致算力的浪费、成本的增加以及可视化速度的下降。优秀的数据可视化最终展示的都是有价值且能影响决策的信息。但并不是质量高的数据才值得可视化，对于低质量数据，简单的可视化可以快速定位错误。另外，虽然可视化省去了很多麻烦，但是不一定总能依靠可视化做出正确的决策，它并不能替代批判思维，一些糟糕的可视化还可能传递误导性信息。基于此，为了帮助读者形成清晰的数据可视化思路，提高数据可视化应用技能，编者特意编写了本书。

本书的主要内容为Python数据可视化技术，这是当前大数据管理与应用等专业教学的重点。本书着重讲解Python数据可视化的基础知识和常用工具，附有相应的Python源代码，对前沿技术也有简单的介绍。本书在第1～8章设置"思考与练习"模块，并在第2～8章末尾提供实训内容，希望能给想要了解Python和基于Python的数据可视化技术的读者带来帮助。

本书的特色如下。

1．内容全面，介绍多种数据可视化工具。本书通过详细介绍和比较多种数据可视化工具，帮助读者深入理解Python数据可视化的核心知识。此外，本书不仅教授读者如何使用这些数据可视化工具，还介绍在哪种情况下使用特定的数据可视化工具较为合适，力求帮助读者全面提升数据可视化应用技能。

2．定位零基础人群，理论与实践相结合。本书定位于数据可视化的零基础人群，内容讲解由浅入深、循序渐进。本书不仅阐述理论，还提供实训及综合数据可视化案例，有助于读者加深理解并提高对数据可视化技术的实践与应用能力。

3．专题深入分析，讲解不同类型的数据可视化应用。本书不仅介绍基础的数据可视化技术，还针对不同类型的数据（如时间数据、关系数据、文本数据等）进行专门讲解，详细介绍不同类型数据在可视化领域的广泛应用。

4．教学资源丰富，赋能立体化教学。本书提供丰富的教学资源，包括教学大纲、PPT课件、电子教案、思考与练习答案、课后应用题源代码、案例源代码、微课视频等，用书教师如有需要，可登录人邮教育社区（www.ryjiaoyu.com）免费下载。

本书由吕云翔、杨壮担任主编，姚泽良、王志鹏、陈天昪担任副主编，曾洪立参与了部分内容的编写及资料整理工作。由于编者水平有限，书中难免存在不妥之处，恳请广大读者批评指正。

编　者

2024年12月

目　录

第二篇
Python数据可视化技术

第一篇

数据可视化基础知识

第 1 章

数据可视化概述

本章将讲解数据可视化的概念和发展历程、数据可视化流程、数据的组织与管理和可视化设计原则。

学习目标

- 理解数据可视化的概念和发展历程。
- 了解数据可视化流程、数据的组织与管理、可视化设计原则。

1.1 数据可视化简介

数据是指对客观事物进行记录并可以被鉴别的符号，主要记录的是客观事物的性质、状态以及相互关系等。它是可识别的、抽象的符号。

数据可以是狭义上的数字，也可以是具有一定意义的文字、字母、数字的组合，以及图形、图像、视频、音频等，还可以是客观事物的数量、位置及其相互关系的抽象表示。例如，"0、1、2……"、"阴、雨、下降、气温"、学生的档案记录、货物的运输情况等都是数据。

在计算机科学中，数据是能够被计算机接收、存储、处理和输出的所有符号、字符或量化信息的总称。计算机存储和处理的对象十分广泛，用于表示这些对象的数据也变得越来越复杂。

数据经过加工成为信息。两者既有联系，又有区别。数据是信息的表现形式和载体，而信息是数据的内涵，数据和信息是不可分离的。数据是符号，是物理性的，信息是对数据进行加工处理之后所得到的对决策产生影响的数据，是逻辑性和观念性的；数据本身没有意义，只有对实体行为产生影响时才成为信息。

　　数据可视化就是将数据中的信息可视化。与大量的数字、文本相比，人类更容易理解图形、图像等可视化符号。将数据可视化可以让人更直观、清晰地了解到其中蕴含的信息，从而最大化数据的价值。

　　数据可视化是一门科学。它主要借助图形化的手段达到有效传达信息的目的。近些年，数据可视化在商业领域创造了巨大的价值，是商务智能重要的一部分，其主要形式包括报表、图表，以及各种用于制作计分卡（Scorecard）和仪表盘（Dashboard）的可视化元素。

　　数据可视化又是一门艺术。它需要在功能与美观之间达到一种平衡。太注重实现复杂的功能会令可视化结果枯燥乏味，太注重美观会将信息埋没在绚丽多彩的图形中，让人难以捕捉。

　　数据可视化主要从数据中寻找3个方面的信息：模式、关系和异常。

　　模式指数据中的规律。比如，城市交通流量在不同时刻的差异很大，而流量变化的规律就蕴含在海量传感器不断传来的数据中。如果能及时从中发现交通运行模式，就可以为交通的管理和调控提供依据，进而减少堵塞现象。

　　关系指数据之间的相关性。在统计学中，关系通常代表关联性和因果关系。无论数据的总量和复杂程度如何，数据间的关系大多可分为3类：数据间的比较、数据的构成，以及数据的分布或联系。

　　异常指有问题的数据。异常的数据不一定都是错误的数据，有些异常数据可能是设备或者人为错误输入造成的，这些异常数据本身是正确的。对数据进行异常分析，就可以及时发现各种异常情况。如图1-1所示，图中大部分点都集中在一个区域，极少数点分散在其他区域，这些分散的点可能会影响对数据相关性的判断，通过可视化可以初步将其识别出来。

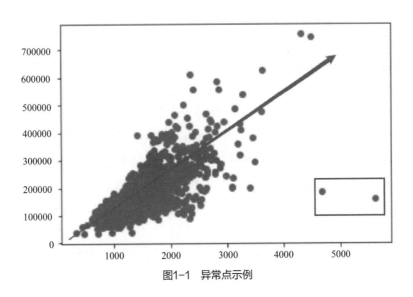

图1-1　异常点示例

1.2 数据可视化发展历程

虽然数据可视化的起源可追溯到公元2世纪，但是在之后的很长一段时间里数据可视化并没有特别大的发展。

目前较热门的可视化形式是图表，图表可以追溯到17世纪，那时的地质探索、数学和历史的发展促进了早期的地图、图表和时间线的出现。现代图表的发明者威廉·普莱费尔（William Playfair）在1786年出版的《商业和政治地图集》（*The Commercial and Political Atlas*）中首次使用了如今非常流行的折线图和柱形图，在1801年出版的《统计摘要》（*Statistical Breviary*）中引入了饼图。

随着工艺技术的完善，19世纪上半叶，人们已经掌握了许多数据可视化图表（包括柱形图、饼图、直方图、折线图、时间线图、轮廓图等），关于社会、地理、医学和基金的统计数据越来越多。将国家的统计数据与其可视化表达放在地图上，从而产生了概念制图的方式，这种方式逐渐体现在政府规划和运营中。人们采用统计图表来辅助思考，产生了可视化思考的新方式：图表用于表达数据关系和函数，列线图用于辅助计算，其他各类可视化显示用于表达数据的趋势和分布。这些方式便于人们进行交流、数据获取和可视化观察。

19世纪下半叶，系统构建可视化方法的条件日渐成熟，统计图形学进入黄金时期。法国人查尔斯·约瑟夫·米纳德（Charles Joseph Minard）是将可视化应用于工程和统计的先驱。他用图形描绘了1812年拿破仑的军队在俄法战争中的情形。其中，粗带状图形代表了每个地点的军队规模；拿破仑的军队从莫斯科撤退的路径则用较暗的带状图形表示，图中标注了对应的温度和时间。在这张图中，米纳德用一种艺术的方式，详尽地表达了多个维度的数据（即军队的规模、行军方向、军队分散和重聚的时间与地点、军队减员过程、地理位置和温度等）。

20世纪上半叶，政府、商业机构和科研部门开始大量使用可视化统计图形，可视化在航空、物理、天文和生物等科学与工程领域的应用也取得了突破性进展。这让人们意识到数据可视化的巨大潜力。这个时期的一个重要特点是多维数据可视化和心理学的引入，人们要求可视化更加严谨和实用，更倾向于关注图表的颜色、数值比例和标签。1976年，法国制图师和理论家雅克·贝尔坦（Jacques Bertin）出版了《图形符号学》（*Semiology of Graphics*），在某种程度上可以认为该书是现代信息可视化的理论基础。由于信息技术的快速发展，雅克·贝尔坦提出的大部分模式已经过时，甚至完全不适用于数字媒体，但是他提出的很多方法对信息时代的数据可视化具有一定的参考价值。

互联网的出现催生了许多新的可视化技术和工具。随着互联网的普及，数据可视化传播的受众越来越多，许多数据有着全球范围的可视化传播需求，进一步促进了各种新形式的可视化快速发展。现在的屏幕媒体中大多融入了各种交互、动画和图像渲染技术，并加入了实时的数据反馈功能，可以创建出沉浸式的数据交流和使用环境。很多人每天要接触大量的、经过可视化的数据，可以说可视化已经渗透到人们的日常生活。

现在有许多企业和个人都对数据非常感兴趣，使得通过数据可视化更好地理解数据的需求逐渐增加。廉价的硬件传感器和手动创建系统的框架降低了收集与处理数据的成本，应用软件和底层代码库越来越多，可帮助人们收集、组织、操作、可视化和理解各种来源的数据。互联网是可视化的传播渠道，来自不同地区的设计师、程序员、制图师、游戏设计者、数据分析师等通过互联网分享各种数据可视化的新思路和新工具。图1-2所示为在某视频网站上搜索"数据可视化"得到的结果，可以看出，数据可视化在多个领域都有应用，而且展示出的结果非常受欢迎。数据可视化帮助人们直观地了解自己感兴趣的领域的数据，各种自媒体都倾向于使用数据可视化来增加关注度。

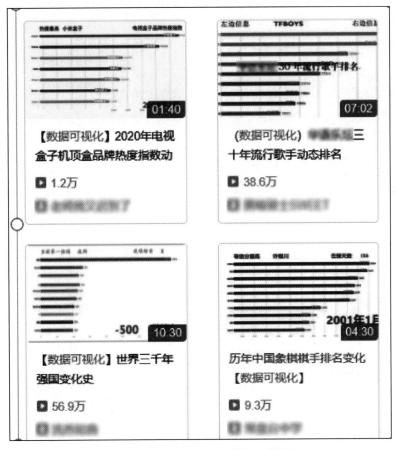

图1-2　关于"数据可视化"的各种视频

1.3　数据可视化流程

大多数人对数据可视化的第一印象可能是各种图形，比如Excel图表模块中的柱形图、折线图、饼图、散点图等，这些只是数据可视化的具体体现。

数据可视化不是简单的视觉映射，而是一个以数据流向为主线的完整流程，主要包括数据采集、数据处理、可视化映射与人机交互、用户感知。一个完整的数据可视化流程，可以看成数据经过一系列处理并实现可视化转化的过程，用户通过可视化交互从可视化映射的结果中获取信息。

1. 数据采集

数据采集是数据可视化的第一步，数据采集的方法和质量在很大程度上决定了数据可视化的最终效果。数据采集的分类方法有很多，按照数据的来源可以分为内部数据采集和外部数据采集。

（1）内部数据采集指的是采集企业内部经营活动的数据（如订单的交易情况），这些数据通常来源于业务数据库。如果要分析用户的行为数据、App的使用情况，还需要一部分行为日志数据，这时就需要用"埋点"方法来进行App或Web的数据采集。

（2）外部数据采集指的是通过一些方法获取企业外部的数据，如获取竞品的数据、获取官方机构或官网公布的一些行业数据等。获取外部数据通常采用的数据采集方法为"网络爬虫"。

使用以上两类数据采集方法得到的数据都是二手数据。通过调查和实验采集的数据属于一手数据，一手数据在市场调研和科学研究实验中比较常用，不在此次探讨范围内。

2. 数据处理

数据处理是进行数据可视化的前提条件，包括数据预处理和数据挖掘两个过程。一方面，通过数据采集得到的数据不可避免地有噪声和误差，数据质量较低，因此需要进行数据预处理；另一方面，数据的特征、模式往往隐藏在海量的数据中，需要进行数据挖掘才能提取出来。

以下为常见的数据质量问题。

（1）数据采集错误，即遗漏了应该包含的数据对象，或者包含了本不应包含的其他数据对象。

（2）数据中的离群点（即不同于数据集中其他大部分数据对象特征的数据对象）过多。

（3）存在遗漏值，即数据对象的一个或多个属性值缺失。

（4）数据不合理，即收集到的数据明显不合常理，或者多个属性值之间互相矛盾。例如，体重是负数，或者所填的邮政编码和城市之间并没有对应关系。

（5）存在重复数据，即数据集中包含完全重复或几乎重复的数据。

正是因为以上问题的存在，所以直接拿采集的数据进行分析或者可视化，可能会得出错误的结论。因此，对采集到的原始数据进行数据处理是数据可视化流程中不可缺少的环节。

在大数据时代，我们所采集到的数据通常具有4V特性：Volume（大量）、Variety（多样）、Velocity（高速）、Value（价值）。要从高维、海量、多样化的数据中挖掘有价值的信息来支持决策，除了需要对数据进行清洗、去除噪声之外，还需要依据业务目的对数据进行二次处理。

常用的数据处理方法包括降维、数据聚类和切分、抽样等统计学和机器学习中的方法。

3. 可视化映射与人机交互

对数据进行清洗、去噪，并按照业务目的进行数据处理之后，就到了可视化映射环节。可视化映射是整个数据可视化流程的核心，是指将处理后的数据映射成可视化元素的过程。

可视化元素由3部分组成：可视化空间、标记、视觉通道。

可视化空间通常是二维的，通过图形绘制技术可解决三维物体在二维平面显示的问题。

标记是数据属性到可视化几何图形元素的映射，用来代表不同的数据属性。根据空间自由度的差别，标记可以分为点、线、面、体，分别具有零自由度、一维自由度、二维自由度、三维自由度。如散点图、折线图、矩形树图、三维柱形图分别采用了点、线、面、体这4种不同类型的标记。

视觉通道是指数据属性的值到标记的视觉呈现参数的映射，通常用于展示数据属性的定量信息。常用的视觉通道包括标记的位置、大小（长度、面积、体积……）、形状（三角形、圆形、立方体……）、方向、颜色（色调、饱和度、亮度、透明度……）等。如图1-3所示，这个标签云就很好地利用了位置、大小、颜色等视觉通道来进行数据的可视化呈现。标记、视觉通道是可视化元素的两个部分，将两者结合可以完整地对数据进行可视化表达，从而完成可视化映射这一过程。

如果在可视化图形中，将所有的信息不经过组织和筛选，直接机械地摆放出来，不仅会让整个图形显得特别混乱、缺乏美感，而且模糊了重点，会分散观者的注意力，减弱观者单位时间内获取信息的能力。这时人机交互的重要性就体现出来了。

常见的人机交互方式如下。

图1-3　视觉通道应用示例

（1）滚动和缩放：当可视化图形在当前分辨率的设备上无法完整显示或者需要展示细节时，可对其进行滚动和缩放，这非常有效。要注意的是，滚动与缩放的具体效果除了与页面布局有关外，还与具体的显示设备有关。

（2）控制颜色映射：一些开源的数据可视化工具（如D3）会提供调色板，用户可以根据自己的喜好进行可视化图形颜色的配置，从而使可视化图形具有美感。

（3）控制数据映射方式：一般一个数据集具有多组特征，常用的数据可视化工具（如Tableau、PowerBI等）提供了灵活的数据映射方式，方便用户自由选择数据可视化映射元素去探索数据背后的信息。

（4）控制数据细节层次，比如隐藏数据细节，将鼠标指针悬停在数据上或单击数据才会出现数据细节。

4. 用户感知

可视化映射后，用户从数据的可视化映射结果中进行信息融合、提炼、总结知识和获得灵感。数据可视化可让用户从数据中探索新的信息，也可让用户验证自己的想法是否与数据所展示的信息相符合。用户可以利用可视化结果向他人展示数据所包含的信息，还可以与数据可视化工具的可视化模块进行交互，交互功能在可视化辅助分析决策方面发挥了重要作用。感知可视化结果，将结果转化为有价值的信息以指导决策，这涉及心理学、统计学、人机交互等多个学科的知识。

直到今天，还有很多科学可视化和信息可视化工作者在不断地优化数据可视化流程。

图1-4是由罗伯特 B. 哈伯（Robert B. Haber）和戴维 A. 麦克纳布（David A. Mcnabb）提出的泛可视化流水线，描述了从数据空间到可视化空间的映射，包含数据分析、数据过滤、数据可视化映射和渲染绘制等阶段。此流水线常用于科学计算可视化系统中。

图1-4　泛可视化流水线

在具体的领域，可视化流水线可能各不相同，但是人始终是核心要素。虽然机器高效率地完成了大部分的计算和分析工作，但人始终是最终决策者。

1.4　数据的组织管理与可视化设计原则

1.4.1　数据的组织与管理

对数据进行良好的组织与管理是实现优秀数据可视化方案的前提。在大数据时代，只有选择合适的数据组织与管理工具，才能得到较好的可视化结果。

大数据存储利用的是分布式存储与访问技术，该技术具有高效、容错性强等特点，并与数据存储介质、数据组织形式、数据管理层次有关。目前，主要的数据存储介质包括机械硬盘、U盘、光盘、闪存卡等，主要的数据组织形式包括按行组织、按列组织、按键值组织和按关系组织，主要的数据管理层次包括按块级、文件级及数据库级管理等。不同的数据存储介质、数据组织形式、数据管理层次对应不同的大数据特征和应用场景。

1. 分布式文件系统

分布式文件系统是指文件在物理上可能被分散存储在不同地点的节点上，各节点通过计算机网络进行通信和数据传输，但在逻辑上仍然是一个完整的文件系统。用户在使用分布式文件系统时，无须知道数据存储在哪个具体的节点上，只需像操作本地文件系统一样进行数据管理和存储。

常用的分布式文件系统有Hadoop分布式文件系统（Hadoop Distributed File System，HDFS）、Google文件系统（Google File System，GFS）、Kosmos文件系统（Kosmos File System，KFS）等，常用的分布式内存文件系统有Tachyon等。

2. 文档存储

文档存储支持对结构化数据的访问，一般以键值对的方式进行数据存储。

文档存储支持嵌套结构。例如，文档存储支持XML和JSON文档，字段的"值"又可以嵌套存储其他文档。MongoDB通过支持在查询中指定JSON字段路径实现类似的功能。文档存储也支持数组和列值键。

主流的文档数据库有MongoDB、CouchDB、Terrastore、RavenDB等。

3. 列式存储

列式存储是指以流的方式在列中存储所有数据。列式数据库把一列中的数据串在一起存储，然后再存储下一列的数据，以此类推。列式数据库由于查询时需要读取的数据块较少，所以查询速度较快。在列式数据库中，因为同一类型的数据列存储在一起，所以数据压缩比高，数据建模的复杂性低。列式存储适用于决策支持系统、数据集市、数据仓库，不适用于联机事务处理（Online Transaction Processing，OLTP）。

使用列式存储的数据库产品有传统的数据仓库，如Sybase IQ、InfiniDB、Vertica等；也有开源的数据库，如HBase、Infobright等。

4. 键值存储

键值存储的数据按照键值对的形式进行组织、索引和存储。键值存储能有效地减少读写磁盘的次数，拥有较好的读写性能。

键值存储实际是分布式文件系统的一种。主流的使用键值存储的数据库有Redis、Apache Cassandra、Google Bigtable等。

5. 关系数据库

关系模型是最传统的数据存储模型，数据按行存储在由架构界定的表中。表中的每列都有名称和类型，表中的所有记录都符合表的定义。用户可使用基于关系代数演算的结构化查询语言（Structured Query Language，SQL）提供的相应语法查找符合条件的记录，通过表连接在多表之间查询记录，在表中创建和删除记录，单独更新记录中的属性。

关系数据库通常提供事务处理机制，可以进行多条记录的自动化处理。在编程语言中，表可以被视为数组、记录列表或者结构。

目前，关系数据库进行了改进，支持分布式集群、列式存储，支持XML、JSON等格式的数据的存储。

6. 图形数据库

当事物与事物之间呈现复杂的网络关系时，用关系数据库存储这种"关系型"数据的效果并不好，查询复杂、缓慢，而图形数据库的出现则弥补了这个缺陷。

图形数据库是非关系数据库,它应用图形理论存储实体之间的关系信息。图形数据库采用不同的技术很好地满足了图形数据的查询、遍历、求最短路径等需求。图形数据库领域有不同的图模型,图模型可用于映射网络关系,还可用于对现实世界的各种对象进行建模,如社交图谱可用于反映事物之间的相互关系。主流的图形数据库有Google Pregel、Neo4j、Infinite Graph、DEX、HyperGraphDB等。

7．内存数据库

内存数据库就是将数据放在内存中直接操作的数据库。

相对于磁盘数据,内存数据的读写速度要高出几个数量级。内存数据库最大的特点是其数据常驻内存,即活动事务只与内存数据库的实时内存数据“打交道”,所处理的数据通常是“短暂”的,有一定的有效时间,过时则有新的数据产生。所以,实际应用中采用内存数据库来处理实时性强的业务逻辑。内存数据库有Oracle TimesTen、eXtremeDB、Redis、Memcached等。

1.4.2　可视化设计原则

数据可视化的主要目的是准确地展示和传达数据所包含(隐藏)的信息。简洁明了的可视化设计会让用户受益,而过于复杂的可视化设计会给用户带来理解上的偏差和对原始数据的误读;缺少交互的可视化设计会让用户难以获得所需的多方面信息;没有美感的可视化设计则会影响用户的情绪,从而影响信息传播和表达的效果。因此,了解并掌握可视化的一些设计方法和原则,对有效的可视化设计十分重要。本小节将介绍一些有效的数据可视化设计原则,以帮助读者完成可视化设计。

1．数据筛选原则

可视化展示的信息要适量,以保证用户获取信息的效率。若展示的信息过少,则会使用户无法全面地理解信息;若展示的信息过多,则可能使用户的思维混乱,甚至错失重要信息。最好的做法是提供对数据进行筛选的功能,让用户可以选择数据的哪一部分被显示,而其他部分则在需要的时候才显示。另一种解决方案是使用多视图或多显示器,根据数据的相关性分别显示不同部分。

2．数据到可视化的直观映射原则

在设计数据到可视化的映射时,设计者不仅要明确数据语义,还要了解用户的个性特征。如果设计者能够在进行可视化设计时预测用户对可视化结果的行为,就可以增强可视化设计的可用性和功能性,帮助用户理解可视化结果。设计者利用已有的先验知识可以减少用户认知信息所需的时间。

数据到可视化的映射还要求设计者使用正确的视觉通道去编码数据。比如，对于类别型数据，务必使用分类型视觉通道进行编码；而对于有序型数据，则需要使用定序的视觉通道进行编码。

3. 视图选择与交互设计原则

优秀的可视化展示应使用人们认可并熟悉的视图设计方式。对于简单的数据，可以使用基本的可视化视图；而对于复杂的数据，则需要使用或开发新的较为复杂的可视化视图。此外，优秀的可视化系统还应该提供一系列的交互功能，使用户可以按照所需的展示方式修改视图展示结果。

4. 美学原则

设计者在完成可视化的基本功能后，需要进行形式表达（可视化的美学）方面的设计。有美感的可视化设计会更加吸引用户，促使其进行更深入的探索。因此，优秀的可视化设计必然是功能与形式的完美结合。在可视化设计中提高美感有很多方法，总结起来主要有以下3个原则。

（1）简单原则：设计者应尽量避免在可视化设计中使用过多的元素创造复杂的效果，应找到可视化的美学效果与所表达的信息量之间的平衡。

（2）平衡原则：为了有效地利用可视化空间，可视化的主要元素尽量放在可视化空间的中心位置或中心附近，并且元素在可视化空间中尽量平衡分布。

（3）聚焦原则：设计者应该通过适当手段将用户的注意力集中到可视化结果中的重要区域。例如，设计者通常在对可视化元素的重要性进行排序后，使用突出的颜色对重要元素进行展示，以提高用户对这些元素的关注度。

5. 适当运用隐喻原则

用一种事物去理解和表达另一种事物的方法称为隐喻（Metaphor）。隐喻作为一种认知方式，与普通认知不同，人们在进行隐喻认知时需要先根据现有信息与以往经验寻找相似记忆，并建立映射关系，再进行认知、推理等信息加工。只有解码隐喻内容，才能真正了解信息传递的内容。

可视化过程本身就是一个将信息隐喻化的过程。设计者将信息进行转换、抽象和整合，用图形、图像、动画等方式重新编码表示信息内容，然后展示给用户。用户在看到可视化结果后进行隐喻认知，并最终了解信息内涵。信息可视化的过程是隐喻编码的过程，而用户读懂信息的过程则是运用隐喻认知解码的过程。隐喻的设计包含隐喻本体、隐喻喻体和可视化变量3个层面。

6. 颜色与透明度选择原则

颜色在数据可视化领域通常被用于编码数据的分类或定序属性。有时，为了便于用户在观察和探索数据可视化结果时从整体进行把握，可以给颜色增加一个表示不透明度的分量通道，用于表示离用户近的颜色对背景颜色的透过程度。该通道可以有多种取值，当取值为1时，表示颜色是不透明的；当取值为0时，表示该颜色是完全透明的；当取值在0和1之间时，表示该颜色可以透过一部分背景颜色，从而实现当前颜色和背景颜色的混合。例如，在可视化交互中，当用户移动一个标记时，颜色混合所产生的半透明效果可以使用户感觉到非常直观的操作效果，从而提高用户的交互体验。但有时颜色的色调视觉通道在编码分类数据上会失效，所以在可视化中应慎用颜色混合。

1.5　Python与数据可视化

作为脚本语言，Python凭借其易用性、简单的学习曲线、丰富的数据处理和可视化库从诸多编程语言和软件中脱颖而出，成为数据可视化的绝佳"利器"。

简洁和易用性是Python极大的优势。Python语法简单，易于学习，代码具有良好的可读性，学习曲线平缓，即使是编程新手也可以快速上手。

另一个明显的优势是Python具有极为丰富的第三方库资源，也有诸多极为优秀的数据可视化库，这使得Python可以应对各种数据可视化任务。其中，常用的库有Matplotlib、Seaborn、Scikit-plot、Python-igraph、NetworkX、Pyecharts和HoloViews等，后文将详细介绍这些库及其使用方式。

此外，Python具有极强的灵活性。在大部分的库中，用户可以完全控制图表的外观和内容，可以根据需要定制各种各样的图表，包括颜色、布局、标签、注释在内的所有元素都可以自由调整。得益于良好的社区支持，未来会有更多的高级可视化库和工具出现，用户可以更轻松地创建更复杂或更加具有交互式特点的图表和图形。

总的来说，作为当今最流行的编程语言之一，Python在数据可视化领域具有广泛的应用。它的易用性、丰富的库和灵活性使其成为数据可视化的热门工具之一。

1.6　思考与练习

一、选择题

1. 数据可视化主要从数据中寻找哪3个方面的信息？（　　　）
   A. 模式、大小、颜色　　　　　　B. 关系、异常、颜色
   C. 模式、关系、异常　　　　　　D. 模式、大小、形状

2．在数据可视化流程中，数据处理主要包括哪两个过程？（　　　）

    A．数据收集和数据展示   B．数据预处理和数据挖掘

    C．数据映射和用户交互   D．用户感知和数据分析

3．哪种数据库适合存储复杂的网络关系数据？（　　　）

    A．关系数据库   B．文档数据库   C．列式数据库   D．图形数据库

4．Python中常用的数据可视化库是（　　　）。

    A．Pandas和NumPy   B．Matplotlib和Seaborn

    C．TensorFlow和Keras   D．Django和Flask

二、判断题

1．数据可视化的主要目的是最大化数据的价值。（　　　）

2．分布式文件系统的用户需要知道数据存储在哪个具体的节点上。（　　　）

3．可视化设计中的美学原则不包括简单原则。（　　　）

4．数据到可视化的映射要求设计者使用正确的视觉通道去编码数据。（　　　）

三、填空题

1．数据是指对客观事物进行记录并可以被鉴别的_____，主要记录的是客观事物的性质、状态以及相互关系等。

2．数据经过加工成为_____。

3．可视化元素由_____、标记和视觉通道3部分组成。

4．_____本身就是一个将信息隐喻化的过程。

5．_____是一门科学，也是一门艺术，它主要借助图形化的手段达到有效传达信息的目的。

四、问答题

1．数据可视化的定义是什么？

2．描述数据可视化在大数据时代的重要性。

3．在进行数据可视化的过程中，按照数据的来源，数据采集的分类方法有哪些？

4．解释什么是数据的模式、关系和异常。

5．可视化设计中，颜色与透明度的选择有何原则？

五、应用题

1．假设你有一组关于全球不同国家（或地区）的国内生产总值（Gross Domestic Product，GDP）数据，描述你将如何使用数据可视化来展示这些数据之间的关系和趋势。

2．设计一个数据可视化项目，目标是分析社交媒体上不同时间段内的话题热度变化，请描述你的设计思路和采用的数据可视化工具。

第 **2** 章

Python数据可视化库

在任何数据分析工作中，数据可视化都扮演着至关重要的角色。它不仅能帮助我们理解数据隐含的信息，还使我们能够直观地体会到数据的重要性，并且与他人分享这些发现。作为一种强大的编程语言，Python提供了多种数据可视化库，这些库既能满足初学者的基本需求，也能满足专业数据分析师的复杂需求。

本章将介绍Python中的一些流行和强大的数据可视化库，包括Matplotlib、Seaborn、Scikit-plot、Python-igragh、NetworkX、Pyecharts、HoloViews、Plotly、WordCloud。

学习目标

- 熟悉Python中常用的数据可视化库。
- 掌握使用这些数据可视化库创建基本图表的方法。
- 理解不同数据可视化库之间的差异及各数据可视化库的适用场景。

2.1 Matplotlib

2.1.1 Matplotlib简介

Matplotlib是Python中比较著名的绘图库，由约翰 D. 亨特（John D. Hunter）在2003年发布。它被广泛用于绘制二维和三维图形。通过Matplotlib，我们可以轻松地制作柱形图、散点图、折线图以及更复杂的图表。

使用Matplotlib能够轻松绘制出高质量的图形，甚至可绘制出版物质量级别的图形，且代码简单，易于理解和扩展。通过Matplotlib可以很轻松地画一些简单或复杂的图形，编写几行代码即可生成直方图、柱形图、散点图、密度图等，最重要的是Matplotlib免费且开源。但是，Matplotlib也有缺点，比如默认的图形样式和美观度不如一些现代库（如Seaborn、Plotly）。对于需要动态更新图形或实时显示数据的应用，Matplotlib可能不是最佳选择，因为可能涉及复杂的回调和更新机制。对于大规模数据集或高度复杂的视图，Matplotlib的渲染性能可能是一个瓶颈。虽然有办法优化，但对于非常大的数据集，其他库能提供更优的性能。

Matplotlib是数据科学和数据可视化领域的一个基石库，适用于绘制各种类型的图表。它针对许多常见问题和需求都有现成的解决方案和示例。

2.1.2 Matplotlib的安装和使用

首先需要建立Python环境，在Python官网下载对应操作系统的最新的Python 3.x版本，直接安装并勾选"添加到PATH"即可。

完成Python环境的建立后，由于默认的服务器在国内访问状况不佳，因此可以执行以下命令将服务器更换为清华源。

```
pip config set global.index-url https://pypi.tuna.tsinghua.edu.cn/simple
```

这样就可以使用pip来进行相关库的安装了。在命令提示符窗口（Windows）/终端（macOS、Linux）中执行以下命令安装Matplotlib。

```
pip install matplotlib -i https://pypi.tuna.tsinghua.edu.cn/simple
```

在安装Matplotlib时，也会安装NumPy。NumPy常用来进行数组和矩阵的运算，该库内置了很多数学函数，在处理或者生成数据时可以使用。此外，要想在自己的代码中使用Matplotlib，可以在开头加入以下代码来引入该库。

```
import matplotlib.pyplot as plt
```

一个简单的使用Matplotlib的示例程序如下。

```
import numpy as np
import matplotlib.pyplot as plt

x = [1, 2]
y = x

plt.plot(x, y)
plt.show()
```

输出的图形如图2-1所示。

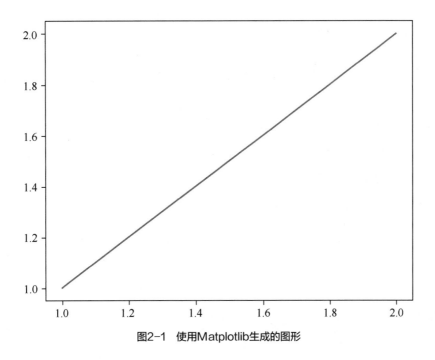

图2-1　使用Matplotlib生成的图形

2.2 Seaborn

2.2.1 Seaborn简介

　　Seaborn基于Matplotlib，也具有强大的功能，用户只用几行代码就能创建出美观的图表。它们的关键区别在于，Seaborn的默认图表样式和调色板设计更加美观和现代化。由于Seaborn是在Matplotlib的基础上构建的，因此用户还需要了解Matplotlib，以便调整Seaborn的默认值。Seaborn同Matplotlib一样，也是Python中重要的数据可视化库。Seaborn在Matplotlib的基础上进行了更高级的应用程序接口（Application Program Interface，API）封装，使用户绘图更加容易，使图表更加美观。Seaborn是一个基于Matplotlib的可视化库，专用于统计可视化，可以和Pandas进行无缝连接，使数据可视化的初学者更容易上手。相对于Matplotlib，Seaborn语法更简洁，两者的关系类似于NumPy和Pandas的关系。但是需要注意的是，应该把Seaborn视为Matplotlib的补充，而不是替代品。

　　Seaborn旨在以数据可视化为中心来挖掘与理解数据，它提供的面向数据集的制图函数主要用于对行列索引和数组进行操作，包括对整个数据集进行内部的语义映射与统计整合，以生成信息丰富的图表。

2.2.2　Seaborn的安装和使用

要安装Seaborn，只需在命令提示符窗口（Windows）/终端（macOS、Linux）中执行以下命令。

```
pip install seaborn
```

要想在自己的代码中使用Seaborn，可以在开头加入以下代码来引入该库。

```
import seaborn as sns
```

一个简单的使用Seaborn的示例程序如下。

```python
import numpy as np
import seaborn as sns
import matplotlib.pyplot as plt

# 创建节点
x = [1, 2]
y = x

# 使用Seaborn绘制直线
sns.lineplot(x=x, y=y)

# 设置图表标题和坐标轴标签
plt.title('y = x')
plt.xlabel('x')
plt.ylabel('y')

# 显示图形
plt.show()
```

输出的图形如图2-2所示。

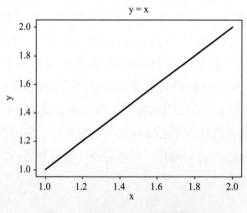

图2-2　使用Seaborn生成的图形

2.3　Scikit-plot

2.3.1　Scikit-plot简介

　　Scikit-plot是一个为机器学习可视化提供高级接口的Python库，它是建立在Matplotlib之上的。Scikit-plot可使机器学习模型的可视化过程变得更加简单直接，帮助用户更有效地理解数据和模型性能。Scikit-plot非常适合那些希望快速生成图表来分析机器学习模型结果的用户，特别是那些熟悉Scikit-learn的用户。

　　Scikit-plot旨在降低生成复杂机器学习图表的难度，用户通过简单的函数调用即可生成多种图表。它提供了一组易于使用的函数，能够用于生成各种常见的图表，如混淆矩阵、ROC（Receiver Operating Characteristic，接受者操作特征）曲线、学习曲线等，以帮助用户更好地理解模型的性能和行为。

　　Scikit-plot主要用于以下几个方面。

- 模型评估：通过混淆矩阵、ROC曲线等图表直观地展示模型性能。
- 模型选择和调优：使用学习曲线和精确率-召回率曲线等图表帮助用户选择合适的模型和调整参数。
- 特征重要性分析：对于某些模型，如随机森林，可以使用Scikit-plot生成特征重要性图表。

2.3.2　Scikit-plot的安装和使用

　　要安装Scikit-plot，只需在命令提示符窗口（Windows）/终端（macOS、Linux）中执行以下命令。

```
pip install scikit-plot
```

　　要想在自己的代码中使用Scikit-plot，可以通过以下代码来引入该库。

```
import scikitplot as skplt
```

　　一个简单的使用Scikit-plot的示例程序如下。

```
from sklearn.datasets import load_digits
from sklearn.model_selection import train_test_split
from sklearn.naive_bayes import GaussianNB

X, y = load_digits(return_X_y=True)
X_train, X_test, y_train, y_test = train_test_split(X, y, test_size=0.33)
```

```
nb = GaussianNB()
nb.fit(X_train, y_train)
predicted_probas = nb.predict_proba(X_test)

# 引入Scikit-plot并输出ROC曲线
import matplotlib.pyplot as plt
import scikitplot as skplt
skplt.metrics.plot_roc(y_test, predicted_probas)
plt.show()
```

该示例程序使用Scikit-plot生成了ROC 曲线可视化图形，如图2-3所示。

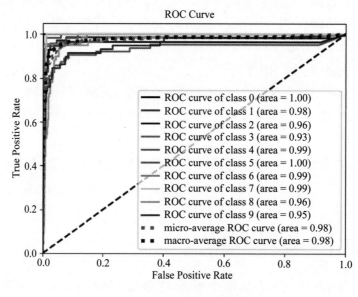

图2-3　ROC曲线可视化图形

2.4　Python-igraph

2.4.1　Python-igraph简介

igraph是一个开源免费的网络分析工具集合，在效率和便捷性上表现较好，且支持R、Python、Mathematica、C、C++等语言。

Python-igraph是一个高效且功能丰富的可视化库，专为Python开发，用于构建、分析和可视化网络和复杂图结构。它是基于C/C++图形库igraph的Python

接口，继承了底层库的高性能特性，是处理大型和复杂网络数据的理想选择。Python-igraph凭借多样的功能和高效的执行性能，在社会网络分析、生物信息学、网络科学以及任何需要可视化和网络分析的领域中都有广泛的应用。它提供了创建图对象、添加和删除节点（顶点）和边、修改和访问图属性以及顶点和边属性的功能。它支持有向图和无向图，以及混合图（同时包含有向边和无向边的图）。除了基础的图操作功能外，Python-igraph还内置了大量的算法，如中心性计算、社区检测、路径查找、最小生成树、网络流量分析和图同构判断等，用于网络结构分析。

　　Python-igraph的另一个重要特点是可视化功能。虽然它的可视化能力可能不及专门的可视化软件包，但它提供了足够的工具来生成高质量的图形，这对初步的网络分析和结果展示非常有用。用户可以调整节点和边的颜色、大小、形状等属性，以及图的布局算法，以生成直观且信息丰富的网络图。此外，Python-igraph的API设计旨在降低可视化任务的编程复杂度，使用户能够通过少量的代码完成复杂的网络分析任务。这使得Python-igraph不仅对研究人员和数据分析师来说是一个强大的工具，对初学者来说也相对易于上手。在性能方面，得益于底层C/C++实现，Python-igraph在处理大规模网络时表现出了优异的性能，尤其是在网络结构分析和图算法运算方面。这种高效的性能使得它能够应对现实世界中复杂和大型的网络分析挑战。

2.4.2　Python-igraph的安装和使用

　　要安装Python-igraph，只需在命令提示符窗口（Windows）/终端（macOS、Linux）中执行以下命令。同时安装Pycairo可以更好地支持可视化的实现。

```
pip install python-igraph pycairo
```

要想在自己的代码中使用Python-igraph，可以在开头加入以下代码来引入该库。

```
import igraph as ig
```

一个简单的使用Python-igraph的示例程序如下。

```
import igraph as ig


petersen = ig.Graph.Famous("petersen")
ig.plot(petersen)
```

　　该示例程序使用Python-igraph内置的函数生成了著名的彼得森图，如图2-4所示。

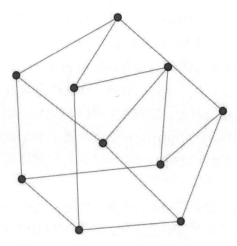

图2-4　使用Python-igraph生成的彼得森图

2.5　NetworkX

2.5.1　NetworkX简介

　　NetworkX是一个用Python开发的可视化与复杂网络建模工具，内置了常用的图与复杂网络分析算法，可以方便地进行复杂网络数据分析、仿真建模等。NetworkX支持创建简单无向图、有向图和多重图；支持任意的边值维度，功能丰富，简单易用。利用NetworkX可以用标准化和非标准化的数据格式存储网络、生成多种随机网络和经典网络、分析网络结构、建立网络模型、设计新的网络算法、进行网络绘制等。与Python-igraph相比，NetworkX注重提供简单易用的工具和算法，以便研究复杂网络的结构和动态行为。它适用于处理千万级别以下的网络，是学术研究和教育、数据分析中广泛使用的工具。

2.5.2　NetworkX的安装和使用

　　要安装NetworkX，只需在命令提示符窗口（Windows）/终端（macOS、Linux）中执行以下命令。

```
pip install networkx
```

　　要想在自己的代码中使用NetworkX，可以在开头加入以下代码来引入该库。

```
import networkx as nx
```

一个简单的使用NetworkX的示例程序如下。

```python
import networkx as nx
import matplotlib.pyplot as plt

# 创建无向图
F = nx.Graph()

# 一次添加一条边
F.add_edge(11, 12)
nx.draw(F, with_labels=True)
plt.show()
```

该示例程序绘制了一个包含两个节点和一条边的无向图，如图2-5所示。

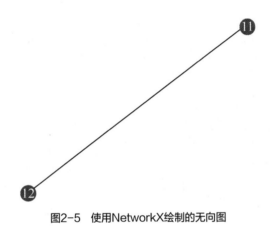

图2-5　使用NetworkX绘制的无向图

2.6　Pyecharts

2.6.1　Pyecharts简介

Pyecharts是一个用于生成Echarts图表的Python库。Echarts是一个由百度公司开发的开源可视化库，使用该库生成的图的可视化效果非常好。Echarts凭借良好的交互性、精巧的图表设计，得到了众多开发者的认可，广泛用于数据可视化。Pyecharts利用Echarts的强大功能，使用户在Python环境中创建交互式、动态的图表变得简单易行。这个库特别适合创建用于Web报告和演示文稿的图表，因为这类图表可以很容易地嵌入网页，并且支持用户交互操作。它提供了一种简单而强大的方式来创建多种动态图表，使得数据可视化容易又有趣。

2.6.2 Pyecharts的安装和使用

要安装Pyecharts，只需在命令提示符窗口（Windows）/终端（macOS、Linux）中执行以下命令。

```
pip install pyecharts
```

要想在自己的代码中使用Pyecharts，可以在开头按需引入所需组件。例如，若想引入柱形图，则可以加入以下内容。

```
from pyecharts.charts import Bar
from pyecharts import options as opts
```

一个简单的使用Pyecharts的示例程序如下。

```
from pyecharts.charts import Bar
from pyecharts import options as opts


# v1 开始支持链式调用
bar = (
    Bar()
    .add_xaxis(["衬衫", "毛衣", "领带", "裤子", "风衣", "高跟鞋", "袜子"])
    .add_yaxis("商家A", [114, 55, 27, 101, 125, 27, 105])
    .add_yaxis("商家B", [57, 134, 137, 129, 145, 60, 49])
    .set_global_opts(title_opts=opts.TitleOpts(title="某商场销售情况"))
)
bar.render()
```

使用Pyecharts生成的柱形图如图2-6所示。

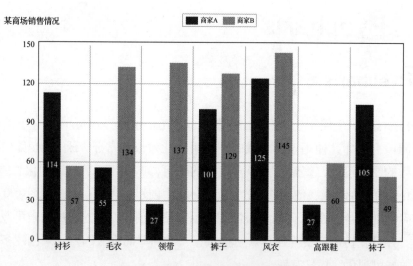

图2-6　使用Pyecharts生成的柱形图

2.7 HoloViews

2.7.1 HoloViews简介

HoloViews是一个基于Python的开源库,旨在简化数据可视化的实现过程。它建立在Bokeh、Matplotlib等数据可视化库的基础上,并提供了高级抽象,使得用户能够使用更少的代码来创建交互性可视化图表。HoloViews的核心思想是将数据、可视化元素和交互性组合在一起,使可视化变得更加直观和容易。

HoloViews可以与Pandas、Dask等数据处理库无缝集成。它支持多种图表类型,包括散点图、折线图、柱形图等。它可以轻松为图表添加交互性内容,如缩放、平移等。它也支持面板、仪表盘的创建。HoloViews适用于需要高级数据可视化的科学研究、数据分析、教育和开发等领域。无论是进行探索性数据分析、报告制作,还是构建数据驱动的交互式应用,HoloViews都能提供强大的支持。HoloViews将可视化图表的构建块称为"元素"。元素可以是图形、图表等。此外,HoloViews还提供了多种预定义的元素类型,如Points、Curves、Bars等,用户可以根据数据类型和需求选择合适的元素类型。推荐结合Jupyter Notebook使用。

2.7.2 HoloViews的安装和使用

要安装HoloViews,只需在命令提示符窗口(Windows)/终端(macOS、Linux)中执行以下命令。

```
pip install holoviews
```

要想在自己的代码中使用HoloViews,可以在开头加入以下代码来引入该库。

```
import holoviews as hv
```

一个简单的使用HoloViews的示例程序如下。

```
import holoviews as hv
from bokeh.plotting import show

# 指定后端
hv.extension('bokeh')

# 创建一个元素,表示一组节点
points = hv.Points([(2, 2.5), (3, 3), (4, 3.5)])

# 显示散点图
show(hv.render(points))
```

该示例程序生成了一个简单的可交互的散点图，如图2-7所示。

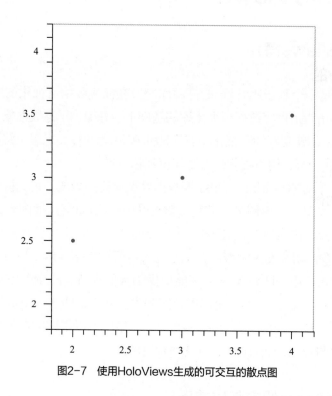

图2-7 使用HoloViews生成的可交互的散点图

2.8 Plotly

2.8.1 Plotly简介

Plotly是一个强大的交互式图表库，支持多种编程语言，包括Python、R、MATLAB等。在Python中，Plotly主要通过其plotly包实现数据可视化，该包提供了丰富的图表类型和细致的图表控制选项，使创建高质量的交互式图表和数据可视化变得简单、直观。Plotly生成的图表是基于Web的，可以轻松嵌入网页，并且支持用户的交互操作，如缩放、平移、悬停提示等。

在Plotly中，用户可以仅仅使用几行代码就构建出一个华丽的、可交互的图表。这也是它被称为"高级可视化神器"的关键所在。Plotly在数据分析、科学研究、金融分析、工程设计以及其他需要数据可视化的领域都有广泛的应用。它特别适用于需要强交互性的数据探索任务和要创建动态、响应式可视化图表以增强用户体验的场合。

此外，Plotly中还内置了很多数据集，可以直接调用。下面的代码展示了如何调用GDP数据集并查看前5行数据。

```
gapminder = px.data.gapminder()
gapminder.head()    # 默认情况下为查看前5行数据
```

2.8.2　Plotly的安装和使用

要安装Plotly，只需在命令提示符窗口（Windows）/终端（macOS、Linux）中执行以下命令。

```
pip install plotly plotly_express
```

要想在自己的代码中使用Plotly，可以在开头加入以下代码来引入该库。

```
# 两种绘图接口皆可
import plotly_express as px
# import plotly.express as px
import plotly.graph_objects as go
```

一个简单的使用Plotly的示例程序如下。

```
import plotly.express as px
data_canada = px.data.gapminder().query("country == 'Canada'")
fig = px.bar(data_canada, x='year', y='pop')
fig.show()
```

该示例程序利用内置的数据集生成了加拿大1950—2010年人口数据柱形图，如图2-8所示。我们还可以在生成的Web页面上进行鼠标指针悬停、自由缩放等操作来查看相应的数据和具体的数值。

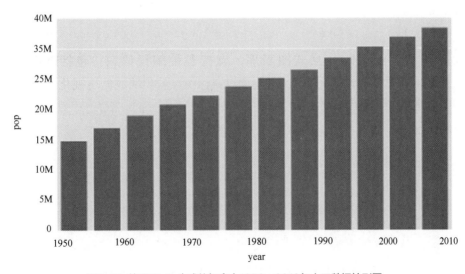

图2-8　使用Plotly生成的加拿大1950—2010年人口数据柱形图

2.9 WordCloud

2.9.1 WordCloud简介

WordCloud是优秀的标签云展示第三方库，以词为基本单位，通过图形可视化的方式直观地展示文本。可以通过文本分词来将文本中的关键词以视觉设计的形式展示出来，词的大小通常表示其频率或重要性。这种类型的可视化非常适合展示文本数据中最显著的词，如演讲、文章或社交媒体内容中的关键词提取。

2.9.2 WordCloud的安装和使用

要安装WordCloud，只需在命令提示符窗口（Windows）/终端（macOS、Linux）中执行以下命令。

```
pip install wordcloud
```

要想在自己的代码中使用WordCloud，可以在开头加入以下代码来引入该库。

```
import wordcloud as nx
```

一个简单的使用WordCloud的示例程序如下。

```
import wordcloud as nx
from wordcloud import WordCloud
import matplotlib.pyplot as plt

# 示例文本
text = "Python is a great programming language. Python can be used for
data analysis, web development, automation, and machine learning."

# 生成标签云
wordcloud = WordCloud(width=800, height=400, background_color ='white').
generate(text)

# 显示标签云
plt.figure(figsize=(8, 4))
plt.imshow(wordcloud, interpolation='bilinear')
plt.axis("off")
plt.show()
```

该示例程序利用WordCloud对一句话进行解析，并针对里面的关键词生成了对应的标签云，如图2-9所示。

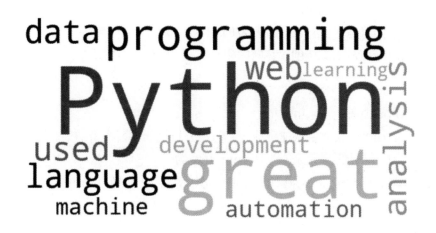

图2-9 使用WordCloud生成的标签云

2.10 思考与练习

一、选择题

1. 数据科学和数据可视化领域的一个基石库是什么？（ ）

    A. Seaborn   B. Plotly

    C. Matplotlib   D. Scikit-plot

2. Seaborn在哪个库的基础上进行了更高级的API封装？（ ）

    A. Matplotlib   B. Plotly

    C. Pyecharts   D. HoloViews

3. Scikit-plot主要用于哪个领域的数据可视化？（ ）

    A. 网络分析   B. 机器学习

    C. 经济数据分析   D. 地理信息系统

4. Python-igraph适用于哪类数据的可视化？（ ）

    A. 时间序列   B. 地理空间数据

    C. 网络和复杂图结构   D. 统计数据

5. HoloViews旨在简化哪个过程？（ ）

    A. 数据清洗   B. 数据建模

    C. 数据可视化的实现   D. 数据存储

二、判断题

1. Matplotlib无法用于绘制三维图形。（ ）

2．Seaborn不能与Pandas无缝连接。（　　　）

3．Scikit-plot是基于Seaborn开发的。（　　　）

4．Python-igraph支持创建有向图和无向图。（　　　）

三、填空题

1．Matplotlib在_____年发布。

2．Scikit-plot非常适合快速生成_____来分析机器学习模型结果。

3．Python-igraph是一个专为Python开发的_____库。

4．HoloViews建立在Bokeh、Matplotlib等数据可视化库的基础上，并提供了_____。

四、问答题

1．Matplotlib的主要用途是什么？

2．Seaborn与Matplotlib相比，有哪些主要的改进？

3．Scikit-plot提供了哪些图表来展示模型性能？

4．如何描述Python-igraph在网络分析中的应用？

5．HoloViews在数据可视化中提供了哪种创新？

五、应用题

1．使用Matplotlib绘制一个包含坐标轴标签、标题的简单折线图。

2．使用Seaborn创建一个展示不同类别数据分布的箱形图。

2.11　实训：Python可视化环境配置

本实训将配置Python环境以进行数据可视化，包括安装和设置数据可视化库，理解不同库的特点和适用场景，以及进行基本的数据可视化操作。目标是建立一个适合数据可视化的Python工作环境，并掌握几种不同的数据可视化库的基本使用方法。

2.11.1　需求说明

配置Python环境，安装并使用主要的数据可视化库，如Matplotlib、Seaborn、Plotly、Pyecharts等。了解各个库的安装方法、特点及基本使用方法，为进一步的数据可视化工作打下基础。

2.11.2　实现思路及步骤

（1）环境准备：安装Python 3.7，并在安装过程中勾选"添加到PATH"。

（2）安装库：使用pip安装数据可视化所需的库，包括但不限于Matplotlib、Seaborn、Plotly和Pyecharts。

（3）了解库：通过阅读官方文档或其他教程，了解每个库的主要特点和适用场景。

（4）基本绘图实践：选择一个或多个库，进行基本的绘图练习，如绘制折线图、柱形图、散点图等，熟悉图表创建的基本流程。

第 3 章

Python的数据读取与处理

本章将深入探讨使用Python进行数据读取和处理的各种技术和方法。数据读取与处理是数据分析和机器学习项目中不可或缺的一环,它涉及从不同来源获取数据、清洗数据以及对数据进行预处理,以确保数据质量和准备数据分析或模型训练所需格式的数据。

学习目标

- 掌握Python的文件读写和序列化。
- 学习CSV文件的读写和操作数据库的基本方法。
- 理解数据清洗的重要性和基本技术。
- 掌握使用Pandas读取和处理表格数据的技巧。
- 了解NumPy和Scikit-learn在数据处理中的应用。

3.1　Python数据读取与查看

这一节将从最简单的文件读写出发,重点介绍读写CSV文件和操作数据库,并介绍一些其他形式的数据存储方式。

3.1.1　文件读写

Python中文件读写的常用函数为open()函数,其基本使用如下。

```
# 最朴素的open()函数
f = open('filename.text','r')
f.close()
```

```python
# 使用with关键字，在语句块结束时会自动关闭文件
with open('t1.text','rt') as f: # r代表read，t代表text，默认为"t"，可省略
  content = f.read()

with open('t1.txt','rt') as f:
  for line in f:
    print(line)
with open('t2.txt', 'wt') as f:
  f.write(content) # 写入
append_str = 'append'
with open('t2.text','at') as f:
# 在已有内容上追加写入，如果使用"w"，则已有内容会被清除
  f.write(append_str)
# 文件的读写操作默认使用系统编码，一般为UTF-8
# 使用encoding设置编码方式
with open('t2.txt', 'wt',encoding='ascii') as f:
  f.write(content)
# 若要暂时忽略编码错误，可以进行以下操作
with open('t2.txt', 'wt',errors='ignore') as f: # 忽略错误的字符
  f.write(content) # 写入
with open('t2.txt', 'wt',errors='replace') as f: # 替换错误的字符
  f.write(content) # 写入


# 重定向print()函数的输出
with open('redirect.txt', 'wt') as f:
  print('your text', file=f)


# 读写字节数据，如图片、音频
with open('filename.bin', 'rb') as f:
  data = f.read()


with open('filename.bin', 'wb') as f:
  f.write('Hello World')


# 从字节数据中读写文本（字符串），需要编码和解码
with open('filename.bin', 'rb') as f:
  text = f.read(20).decode('utf-8')


with open('filename.bin', 'wb') as f:
  f.write('Hello World'.encode('utf-8'))
```

　　不难发现，在open()函数的参数中，第一个是文件路径，第二个是模式字符，代表了不同的文件打开方式，比较常用的是"r"（代表读）、"w"（代表写）、"a"（代表写并追加内容）。"w"和"a"容易混淆，其区别在于，如果用"w"打开一个已存在的文件，会清空文件里的内容，重新写入新的内容，如果用"a"，不会清空原有内容，而是追加写入内容。对模式字符的详细说明可见图3-1。

```
========= ========================================================
Character Meaning
========= ========================================================
'r'       open for reading (default)
'w'       open for writing, truncating the file first
'x'       create a new file and open it for writing
'a'       open for writing, appending to the end of the file if it exists
'b'       binary mode
't'       text mode (default)
'+'       open a disk file for updating (reading and writing)
'U'       universal newline mode (deprecated)
```

图3-1　open()函数定义中的模式字符

3.1.2　序列化

　　Python程序在运行时，其变量（对象）都是保存在内存中的，一般把"将对象转换为一种可以存储或传输的格式的过程"称为（对象的）序列化。通过序列化，我们可以在磁盘上存储这些信息，或者通过网络来传输这些信息，最终通过反序列化过程重新读入内存（可以是另外一个机器的内存）并使用。Python中主要使用pickle模块来实现序列化和反序列化。下面就是一个序列化的例子。

```python
import pickle
l1 = [1,3,5,7]
with open('l1.pkl','wb') as f1:
  pickle.dump(l1,f1) # 序列化

with open('l1.pkl','rb') as f2:
  l2 = pickle.load(f2)
  print(l2) # [1, 3, 5, 7]
```

　　在使用pickle模块时要注意一些细节，比如dump()和dumps()两个函数的区别在于dump()是将对象存储为一个文件，而dumps()则是将对象存储为一个字符串。对应地，可使用loads()来恢复（反序列化）该对象。某种意义上，Python对象都可以通过这种方式来存储、加载，不过也有一些对象比较特殊，无法进行序列化，比如进程对

象、网络连接对象等。

3.1.3 CSV文件的读写

CSV（Comma-Separated Value，逗号分隔值）文件以纯文本形式存储表格数据（数字和文本）。CSV文件由任意数目的记录组成，记录之间以某种换行符（一般为制表符或者逗号）分隔，记录中是一些属性。在进行数据可视化时，难免会遇到CSV文件数据，而且由于CSV格式设计简单，因此很多时候使用CSV文件来保存数据（可能是原生的网页数据，也可能是经过爬虫程序处理后的结果）十分方便。

Python的csv模块面向的是本地的CSV文件，如果需要读取网络资源中的CSV文件，为了将其以本地文件的形式打开，可以先把它下载到本地，然后定位文件路径。如果只需要读取一次而并不想保存这个文件，可以在读取操作结束后用代码删除文件。除此之外，也可直接把网络上的CSV文件当作一个字符串来读取，即将字符串转换成一个StringIO对象后，就能像打开本地文件之后一样进行操作了。

> **🔖 提示**
>
> IO是Input/Output的缩写，意为输入/输出，StringIO就是在内存中读写字符串。StringIO针对的是字符串（文本），如果还要操作字节，可以使用BytesIO。

使用StringIO的优点在于，这种读写是在内存中完成的，因此不需要先把CSV文件保存到本地。例3-1所示的是一个直接获取在线的CSV文件并读取的例子。

【例3-1】获取在线CSV文件并读取。

```python
from urllib.request import urlopen
from io import StringIO
import csv

data = urlopen("https://raw.githubusercontent.com/jasonong/List-of-US-
States/master/states.csv").read().decode()
dataFile = StringIO(data)
dictReader = csv.DictReader(dataFile)
print(dictReader.fieldnames)

for row in dictReader:
  print(row)
```

运行结果如下。

```
['State', 'Abbreviation']
{'Abbreviation': 'AL', 'State': 'Alabama'}
{'Abbreviation': 'AK', 'State': 'Alaska'}
...
{'Abbreviation': 'NY', 'State': 'New York'}
{'Abbreviation': 'NC', 'State': 'North Carolina'}
{'Abbreviation': 'ND', 'State': 'North Dakota'}
{'Abbreviation': 'OH', 'State': 'Ohio'}
{'Abbreviation': 'OK', 'State': 'Oklahoma'}
{'Abbreviation': 'OR', 'State': 'Oregon'}
...
```

这里需要说明一下，DictReader()将CSV文件的每一行作为一个字典返回，而reader()则把每一行作为一个列表返回。使用reader()的运行结果如下。

```
['State', 'Abbreviation']
...
['California', 'CA']
['Colorado', 'CO']
['Connecticut', 'CT']
['Delaware', 'DE']
['District of Columbia', 'DC']
['Florida', 'FL']
['Georgia', 'GA']
...
```

根据自己的需要选用读取形式即可。

写入是读取的反向操作，并没有什么复杂之处，下面的例子展示了如何将数据写入CSV文件中。

```
import csv

res_list = [['A','B','C'],[1,2,3],[4,5,6],[7,8,9]]
with open('SAMPLE.csv', "a") as csv_file:
    writer = csv.writer(csv_file, delimiter=',')
    for line in res_list:
        writer.writerow(line)
```

打开SAMPLE.csv文件，内容如下。

```
A,B,C
1,2,3
4,5,6
7,8,9
```

这里的writer()与上文的reader()是对应的，这里需要说明的是writerow()函数。writerow()函数的作用是写入一行，接收一个可迭代对象作为参数。另外，还有一个writerows()函数，直观地说，writerows()等于多个writerow()，因此上面的代码与下面的代码是等效的。

```
res_list = [['A','B','C'],[1,2,3],[4,5,6],[7,8,9]]
with open('SAMPLE.csv', "a") as csv_file:
  writer = csv.writer(csv_file, delimiter=',')
  writer.writerows(res_list)
```

使用writerow()会把列表的每个元素作为一列写入CSV文件的一行中，使用writerows()会把多个列表作为一行再写入。所以如果误用了writerows()，就可能导致错误。

```
res_list = ['I WILL BE ','THERE','FOR YOU']
with open('SAMPLE.csv', "a") as csv_file:
  writer = csv.writer(csv_file, delimiter=',')
  writer.writerows(res_list)
```

由于"I WILL BE"是一个字符串，而字符串在Python中是可迭代对象，所以这样写入后，最终的结果如下（逗号为分隔符）。

```
I, ,W,I,L,L, ,B,E
T,H,E,R,E
F,O,R, ,Y,O,U
```

如果CSV文件要写入数据，那么会报错: csv.Error: iterable expected, not int。

当然，在读取作为网络资源的CSV文件时，除了使用StringIO之外，还可以先将该文件下载到本地，读取后再删除（对只需要读取一次的情况而言）。另外，有时候XLS（使用Excel编辑的文件的格式）也常作为CSV的替代文件格式出现，处理XLS文件可以使用openpyxl模块，其设计和操作与csv模块类似。

3.1.4 数据库的使用

在Python中使用数据库（主要是关系数据库）是一件非常方便的事情，因为一般都能找到对应的经过包装的API库，这些库的存在极大地提高了编写程序的效率。一般而言，只需编写SQL语句并通过相应的模块执行就可以完成数据库操作。

在Python中进行数据库操作需要用到特定的程序模块，其基本逻辑是，首先导入程序模块，然后通过设置数据库名、用户名、密码等信息来连接数据库，接着执行数据库操作（如直接执行SQL语句等），最后关闭与数据库的连接。由于MySQL是比较简单且常用的轻量型数据库，下面使用pymysql模块来介绍在Python中如何使用MySQL。

首先确保本地机器已经成功开启MySQL服务（如果还未安装MySQL，需要先安装，可在MySQL官网下载MySQL安装包），执行pip install pymysql命令来安装该模块。然后创建一个名为"DB"的数据库和一个名为"scraper1"的用户，密码设为"password"。

```
CREATE DATABASE DB;
GRANT ALL PRIVILEGES ON *.'DB' TO 'scraper1'@'localhost' IDENTIFIED BY
'password';
```

接着，创建一个名为"users"的表。

```
USE DB;
CREATE TABLE 'users' (
    'id' int(11) NOT NULL AUTO_INCREMENT,
    'email' varchar(255) COLLATE utf8_bin NOT NULL,
    'password' varchar(255) COLLATE utf8_bin NOT NULL,
    PRIMARY KEY ('id')
) ENGINE=InnoDB DEFAULT CHARSET=utf8 COLLATE=utf8_bin
AUTO_INCREMENT=1 ;
```

现在我们拥有了一个空表，下面使用pymysql模块进行操作，见例3-2。

【例3-2】使用pymysql模块进行操作。

```
import pymysql.cursors
# 连接数据库
connection = pymysql.connect(host='localhost',
                    user='scraper1',
                    password='password',
                    db='DB',
                    charset='utf8mb4',
                    cursorclass=pymysql.cursors.DictCursor)
try:
    with connection.cursor() as cursor:
        sql = "INSERT INTO 'users' ('email', 'password') VALUES (%s, %s)"
        cursor.execute(sql, ('example@example.org', 'password'))

    connection.commit()

    with connection.cursor() as cursor:
        sql = "SELECT 'id', 'password' FROM 'users' WHERE 'email' = %s"
```

```
        cursor.execute(sql, ('example@example.org',))
        result = cursor.fetchone()
        print(result)
finally:
    connection.close()
```

在这段代码中，首先通过pymysql.connect()函数连接数据库。然后在try代码块中打开当前连接的游标，并通过cursor()执行特定的SQL插入语句；commit()函数用于提交当前的操作，之后再次通过cursor()实现对刚才插入的数据的查询。最后在finally代码块中关闭当前数据库连接。

运行结果如下。

```
{'id': 1, 'password': 'password'}
```

考虑到在执行SQL语句时可能发生错误，可以将程序写成下面的形式。

```
try:
    ...
except:
    connection.rollback()
finally:
    ...
```

rollback()函数用于执行回滚操作。

SQLite3是一种小巧易用的轻量型关系数据库，Python中内置的sqlite3模块可以用于与SQLite3数据库进行交互。先使用PyCharm创建一个SQLite3数据源，如图3-2所示，将该SQLite3数据源命名为"new-sqlite3"。

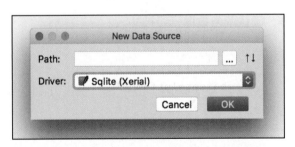

图3-2　在PyCharm中创建SQLite3数据源

然后使用sqlite3进行建表操作，与前面对MySQL进行的操作类似。

```
import sqlite3
conn = sqlite3.connect('new-sqlite3')
print("Opened database successfully")
cur = conn.cursor()
```

```
cur.execute(
  '''CREATE TABLE Users
      (ID INT PRIMARY KEY     NOT NULL,
     NAME              TEXT    NOT NULL,
     AGE               INT     NOT NULL,
     GENDER        TEXT,
     SALARY           REAL);'''
)
print("Table created successfully")
conn.commit()
conn.close()
```

接着，在Users表中插入两条测试数据，可以看到，sqlite3与pymysql模块的函数名非常相似。

```
conn = sqlite3.connect('new-sqlite3')
c = conn.cursor()

c.execute(
  '''INSERT INTO Users (ID,NAME,AGE,GENDER,SALARY)
      VALUES (1, 'Mike', 32, 'Male', 20000);''')
c.execute(
  '''INSERT INTO Users (ID,NAME,AGE,GENDER,SALARY)
      VALUES (2, 'Julia', 25, 'Female', 15000);''')
conn.commit()
print("Records created successfully")
conn.close()
```

最后进行读取操作，确认两条数据已经被插入。

```
conn = sqlite3.connect('new-sqlite3')
c = conn.cursor()
cursor = c.execute("SELECT ID, NAME, SALARY  FROM Users")
for row in cursor:
    print(row)
conn.close()
# 输出
# (1, 'Mike', 20000)
# (2, 'Julia', 15000)
```

执行其他操作（如UPDATE、DELETE），只需要更改对应的SQL语句。除了SQL语句有变化，整体使用的方法是一致的。

需要说明的是，在Python中通过API执行SQL语句往往需要使用通配符，但不同的数据库使用的通配符可能并不一样,比如在SQLite3中使用"?",而在MySQL中使用"%s"。虽然看上去像是对SQL语句的字符串进行格式化(调用format()函数),但是这并非一回事。另外,在操作完毕后不要忘了通过close()关闭数据库连接。

3.2　Python数据清洗

Python数据清洗是数据预处理过程中的关键步骤,旨在改善数据质量,使其更适合用来分析或建模。数据清洗包括一系列操作,以修正或删除不正确、不完整、格式不一致或无关紧要的数据。在Python中,主要使用Pandas等库来执行这些任务,因为它们提供了丰富的数据处理功能。数据清洗的主要目的是对缺失值、噪声数据、不一致数据、异常数据进行处理,使得清理后的数据符合标准,不存在异常数据等。

1. 缺失值的处理

对于缺失值,处理方式如下。

最简单的处理方式是忽略有缺失值的数据。如果某条数据记录存在缺失值,就删除该条记录;如果某个属性的缺失值过多,就在整个数据集中删除该属性,但有可能因此丢失大量数据。

此外,也可以进行缺失值填补,可以填补某一固定值、平均值或者根据记录填充最有可能的值。要确定最有可能的值,可能会用到决策树、回归分析等方法。

2. 噪声数据的处理

处理噪声数据有以下3种技术。

● 分箱技术。

分箱技术通过考察相邻数据来确定最终值,可以实现异常或者噪声数据的平滑处理。基本思想是按照属性值划分子区间,如果属性值属于某个子区间,就将其放入该子区间对应的"箱子"内,即分箱操作。箱的深度表示箱中所含数据记录条数,宽度则是对应属性值的取值范围。分箱后,考察每个箱子中的数据,按照某种方法对每个箱子中的数据进行处理,常用的方法有按照箱平均值、中值、边界值进行平滑处理等。在采用分箱技术时,需要解决的两个主要问题是如何分箱以及如何对每个箱子中的数据进行平滑处理。

● 聚类技术。

聚类技术是将数据集合分为由类似的数据组成的多个簇(或称为类)。聚类技术主要用于找出并清除那些落在簇之外的值(即孤立点),这些孤立点被视为噪声,不适合平滑数据。

● 回归技术。

回归技术通过发现两个相关的变量之间的映射关系来平滑数据，即通过建立数学模型来预测下一个数值。回归技术包括线性回归和非线性回归。

3. 不一致数据的处理

对于数据不一致的问题，需要根据实际情况给出处理方案。可以使用相关材料来进行人工修复，也可以用知识工程的工具对违反给定规则的数据进行修改。对多个数据源进行集成处理时，不同数据源对某些含义相同的属性的编码规则会存在差异，此时则需要对不同数据源的数据进行转化。

4. 异常数据的处理

异常数据在大部分情况下是很难修正的，比如字符编码等问题引起的乱码、字符被截断、异常的数值等，这些异常数据如果没有规律可循几乎不可能被还原，只能将其直接过滤。

有些异常数据可以被还原，比如原字符中掺杂了一些其他无用的字符，可以使用取子串的方法，用trim()函数去掉字符串前后的空格等；对于字符被截断的情况，如果可以使用截断后的字符推导出原完整字符串，那么异常数据也可以被还原。数值记录中存在异常大或者异常小的值时，可以分析是不是由数值单位差异引起的，比如千克是克的1000倍，这样的数值异常可以通过转化进行处理。数值单位的差异也可以认为是数据不一致，或者是某些数值被错误地放大或缩小，比如数值后面被多加了几个0导致了数值的异常。

3.3 使用Pandas读取与处理表格数据

在数据分析和可视化的过程中，读取并处理表格数据是一项基本且频繁的任务。Pandas是Python数据分析的核心库之一，提供了强大的功能，用于读取、处理和分析表格数据。通过提供高效且易于使用的数据结构，它极大地简化了表格数据的读取、处理和分析过程。本节将介绍如何使用Pandas读取与处理表格数据。

3.3.1 读取表格数据

Pandas支持读取多种格式的数据，包括但不限于CSV、XLS、SQL及JSON文件。下面是读取CSV文件、XLS文件和JSON文件的基本示例。

```
import pandas as pd

# 读取csv文件
df = pd.read_csv('example.csv')

# 读取XLS文件的第一个工作表
df = pd.read_excel('example.xlsx', sheet_name=0)
# 读取JSON文件
df = pd.read_json('example.json')

# 只读取特定的列
df = pd.read_csv('example.csv', usecols=['Column1', 'Column2'])

# 跳过文件开头的两行
df = pd.read_csv('example.csv', skiprows=2)

# 将字符串"NA"视为缺失值
df = pd.read_csv('example.csv', na_values=['NA'])
```

一旦数据被读取进Pandas的DataFrame，就可以使用以下方法对数据进行初步的探索。

- 查看数据前几行。

```
print(df.head())
```

- 查看数据基本信息。

```
df.info()
```

- 进行描述性统计。

```
print(df.describe())
```

3.3.2　处理表格数据

在数据可视化的项目中处理表格数据时，经常需要将不同来源的数据集合并为一个统一的数据结构，以便进一步分析和处理。Pandas提供了强大的数据合并和连接功能，使这些任务变得简单。

在Pandas中，合并不同来源的数据经常使用以下函数。

- pd.concat()函数：用于沿着一条轴将多个对象堆叠到一起。支持参数axis（设置合并方向）、join（设置如何处理其他轴上的索引）、ignore_index（设置是否忽略原有的索引）等。

- pd.merge()函数：适用于数据库之间的连接操作，提供了一种能够按照一个或多个键将不同DataFrame的行连接起来的方式，类似于SQL中的JOIN操作。支持参数on（用于指定合并时所依据的列或列名）、how（指定如何执行连接操作）等。

- df.join()函数：用于将两个可能有不同索引的DataFrame按索引合并。可以合并多个带有相同或相似索引的DataFrame，但要求没有重叠的列。

相关的示例代码如下。

```
import pandas as pd

# pd.concat() 示例
df1 = pd.DataFrame({'A': ['A0', 'A1'], 'B': ['B0', 'B1']})
df2 = pd.DataFrame({'A': ['A2', 'A3'], 'B': ['B2', 'B3']})

result = pd.concat([df1, df2], ignore_index=True)

# pd.merge() 示例
left = pd.DataFrame({'key': ['K0', 'K1'], 'A': ['A0', 'A1']})
right = pd.DataFrame({'key': ['K0', 'K2'], 'B': ['B0', 'B2']})

result = pd.merge(left, right, on='key', how='left')

# df.join() 示例
left = pd.DataFrame({'A': ['A0', 'A1'], 'B': ['B0', 'B1']}, index=['K0',
'K1'])
right = pd.DataFrame({'C': ['C0', 'C2'], 'D': ['D0', 'D2']}, index=['K0',
'K2'])

result = left.join(right, how='outer')
```

3.4 使用NumPy处理数据

NumPy全称为Numerical Python，它是一个开源的Python库，用于支持大量的维度数组与矩阵运算，此外也针对数组运算提供大量的数学函数库。本节将介绍如何使用NumPy进行基本的数据处理。

NumPy可以快速对数组进行操作，包括形状操作、排序、选择、输入与输出、离散傅里叶变换、基本统计运算和随机模拟等。许多Python库和科学计算的软件包都将NumPy数组作为操作对象，或者将传入的Python数组转化为NumPy数组，因此在Python中操作数据离不开NumPy。

NumPy的核心是ndarray对象，它由Python的*n*维数组封装而来。NumPy通过C语言预编译相关的数组操作，因此比原生的Python有更高的执行效率。NumPy仍然使用Python编写，这样就同时具有简洁的代码和高执行效率。NumPy数组与Python数组有些区别值得注意，NumPy数组中的元素都具有相同的类型，并且在创建时就确定了固定的大小，这与Python数组对象可以动态增长不同。

在数据处理过程中，最常见的操作是创建数组。要创建数组，最简单的方式是使用array()函数，相关代码如下。

```
import numpy as np

# 创建一维数组
a = np.array([1, 2, 3])
print(a)

# 创建二维数组
b = np.array([[1, 2, 3], [4, 5, 6]])
print(b)
```

每个NumPy数组都有几个属性，用于描述数组的特性，具体说明如下。
- ndarray.ndim：数组的维数。
- ndarray.shape：数组的形状，表示数组在每个维度上的大小，即数组中每个维度的元素的个数。
- ndarray.size：数组中元素的总数。
- ndarray.dtype：数组元素的类型。

可以直接用print()来查看数组的特性，代码如下。

```
print(a.ndim)        # 输出数组的维数
print(b.shape)       # 输出数组的形状
```

NumPy中的数组同Python中的list一样可以进行索引、切片和迭代操作。

a[x]代表访问数组a中索引为x的元素。a[x:y]代表访问数组a中从索引为x到索引为y的元素，省略x代表从头开始，省略y代表直到结尾。a[x:y:n]代表从索引为x到索引为y的元素中每隔*n*个元素取一个值，如果*n*为负数，则代表逆序取值。使用NumPy提供的一系列数学函数可以直接对数组进行操作，包括加、减、乘、除，以及计算平方根、指数、对数等。示例代码如下。

```
# 数组加法
c = np.array([1, 2, 3])
d = np.array([4, 5, 6])
print(c + d)

# 数组乘法
print(c * d)
```

对于数组之间需要合并的情况，可以使用NumPy的concatenate()函数，其第一个参数为要合并的数组，放在一个元组或者列表中，第二个参数axis指定合并的轴，默认axis=0，即从第一维合并所有子元素。示例代码如下。

```
a1 = np.array([[1, 3], [5, 7]])
a2 = np.array([[2, 4], [6, 8]])
a3 = np.concatenate((a1, a2))  # 合并数组
print(a3)
print(np.concatenate((a1, a2), axis=1))  # 指定合并的轴
```

运行结果如下。

```
'''
[[1 3]
 [5 7]
 [2 4]
 [6 8]]
[[1 3 2 4]
 [5 7 6 8]]
'''
```

3.5 使用Scikit-learn处理数据

Scikit-learn是Python中的一个被广泛使用的机器学习库，又叫作sklearn。它提供了简单有效的数据挖掘和数据分析工具。它建立在NumPy、SciPy和Matplotlib的基础之上，提供了各种常用的机器学习模型以及数据处理功能，因此在处理与机器学习相关的数据可视化需求时格外有用。在处理数据时，Scikit-learn提供了丰富的功能来帮助用户准备数据，从而提高模型的性能。

在导入数据方面，Scikit-learn自带了很多数据集，可以用来对算法进行测试分析，免去了用户自己再去找数据集的烦恼。Scikit-learn自带的数据集有：鸢尾花数据集load_iris()、手写数字数据集load_digits()、糖尿病数据集load_diabetes()、乳腺

癌数据集load_breast_cancer()、波士顿房价数据集load_boston()、体能训练数据集load_linnerud()。导入鸢尾花数据集的代码如下。

```
#导入鸢尾花数据集
import sklearn.datasets as sk_datasets
iris = sk_datasets.load_iris()
iris_X = iris.data #导入数据
iris_y = iris.target #导入标签
```

除此之外，Scikit-learn本身不提供直接从文件读取数据的函数，如果想导入别的数据，通常需要结合使用Pandas。

在处理数据方面，Scikit-learn提供了针对标准化、编码分类特征、处理缺失值、特征选择等任务的预处理模块preprocessing，下面给出了这几个任务的定义和示例代码。

- **标准化**：将特征数据缩放至均值为0、方差为1的数据。

```
from sklearn.preprocessing import StandardScaler
import numpy as np

X = np.array([[1, -1, 2],
              [2, 0, 0],
              [0, 1, -1]])

scaler = StandardScaler()
X_scaled = scaler.fit_transform(X)
```

- **编码分类特征**：将分类特征转换为模型可解释的数值数据。

```
from sklearn.preprocessing import OneHotEncoder

X = [['Male', 1], ['Female', 3], ['Female', 2]]

enc = OneHotEncoder()
X_enc = enc.fit_transform(X).toarray()
```

- **处理缺失值**：使用SimpleImputer()来填充缺失值。

```
from sklearn.impute import SimpleImputer
import numpy as np

imp = SimpleImputer(missing_values=np.nan, strategy='mean')
X = [[7, 2], [np.nan, 3], [4, np.nan], [10, 5]]
X_imp = imp.fit_transform(X)
```

- **特征选择：** 选择最重要的特征，以提高模型的准确率或减少特征数量，从而提高训练速度。

```
from sklearn.feature_selection import SelectKBest, chi2

X, y = np.random.rand(100, 10), np.random.randint(0, 2, 100)
X_new = SelectKBest(chi2, k=2).fit_transform(X, y)
```

3.6 思考与练习

一、选择题

1. Python中用于文件读写的函数是什么？（　　）
   - A．write()
   - B．read()
   - C．open()
   - D．close()

2. 在Python中，序列化常用哪个模块？（　　）
   - A．json
   - B．os
   - C．pickle
   - D．sys

3. 在Python中，CSV的全称是什么？（　　）
   - A．Character Separated Value
   - B．Comma-Separated Value
   - C．Concatenated String Value
   - D．以上都不是

4. 以下哪个函数用于合并多个DataFrame？（　　）
   - A．pd.concat()
   - B．pd.merge()
   - C．df.join()
   - D．pd.combine()

5. 在处理缺失值时，可以采用以下哪种方法？（　　）
   - A．忽略有缺失值的数据
   - B．使用固定值填充
   - C．使用平均值填充
   - D．上述所有方法

二、判断题

1. 在Python中，写入文件时如果使用模式"a"，则会覆盖原有内容。（　　）
2. pickle模块允许序列化所有的Python对象。（　　）
3. StringIO用于在内存中读写字节数据。（　　）
4. pd.merge()函数不支持左连接和右连接。（　　）
5. 分箱技术不能用于处理噪声数据。（　　）

三、填空题

1．在Python中，关闭文件推荐使用＿＿＿＿关键字，因为它可以自动关闭文件。

2．CSV文件中的值通常由＿＿＿＿分隔。

3．为了防止编码错误，可以在文件操作中使用errors='＿＿＿＿'来忽略错误的字符。

4．使用pd.concat()函数合并数据时，可以通过axis参数来设置合并＿＿＿＿。

5．对于缺失值，有一种处理方法是使用Pandas的＿＿＿＿函数进行填充。

四、问答题

1．描述如何使用Python读取一个文本文件。

2．解释Python中的序列化及其用途。

3．CSV文件的优点是什么？

4．pd.merge()函数在数据处理中的作用是什么？

5．处理缺失值的常用方法有哪些？

五、应用题

1．编写Python脚本来读取一个CSV文件，并输出文件的前5行。

2．使用Pandas处理一个数据集中的缺失值，编写使用平均值填充缺失值的代码。

3.7　实训：Kaggle数据下载、读取与预处理

本实训将使用Kaggle（一个数据科学竞赛平台）下载数据集，还将使用Pandas读取和预处理这些数据，为后续的数据分析和机器学习模型的建立打下基础。

3.7.1　需求说明

在Python环境中使用Kaggle下载数据集，并通过Pandas读取和预处理数据。

3.7.2　实现思路及步骤

（1）环境准备：确保Python环境已正确配置，并使用 pip install pandas kaggle命令安装Pandas和Kaggle API。配置Kaggle API密钥，以便从Kaggle下载数据。

（2）数据下载：使用Kaggle API搜索并选择一个数据集，下载该数据集到本地环境。

（3）数据读取：使用Pandas读取下载的数据文件（如CSV文件），查看数据的基本信息，包括列名、数据类型和缺失值等。

（4）数据预处理：首先对数据进行清洗，处理数据中的缺失值和异常数据。然后进行数据转换，对某些列进行数据类型转换，如将字符串类型转换为日期类型，并且根据分析目的，可能需要创建新的特征或修改现有特征。

## 第二篇

Python数据可视化技术

第 **4** 章

Python时间数据可视化

每一个数据都是带有时间信息的，只不过在特定的情况下会把时间忽略，只关注数据。在大数据时代，随着数据处理技术的增强和处理方法的增多，时间数据越来越受重视。本章主要介绍时间数据在大数据中的应用以及对应的图形表示方法。

学习目标

- 了解时间数据在大数据中的应用。
- 了解连续型时间数据、离散型时间数据的特点。
- 掌握时间数据可视化的方法。

4.1 时间数据在大数据中的应用

对数据而言，时间不仅是一个关键维度，更是其本质属性之一。正是历史数据的积累造就了大数据的"体量"。无论是金融领域的股票交易价格和成交量、商业领域的商品销售价格和销量，还是社会经济指标，如GDP、消费者价格指数（Consumer Price Index，CPI），以及气象观测、生物种群变化等数据，都包含时间数据，它无处不在，而且极为重要。它不仅记录了历史，还为国家政策的制定、企业战略的调整提供了关键依据。

时间数据通常分为两类：连续型时间数据和离散型时间数据。连续型时间数据指的是连续记录的数据，如气温、股票价格等。离散型时间数据则倾向于特定事件的记录时间，例如交易发生的时间、社交媒体中帖子的发布时间等。不论其形式如何，可视化这些数据的根本目的都在于揭示其随时间变化的趋势。这涉及一系列关键问题的探讨：哪些因素保持稳定？哪些发生了变化？变化的趋势是上升还是下降？变化背后的原因是什么？不同数据的变化方向是否一致？它们的变化幅度是否相关联？是否存在周期性变化的规律？这些变化所蕴含的信息只有通过在时间维度的深入观察和分析才能被完全揭示。

可视化是理解时间数据的关键方法。它将复杂的时间数据转换为直观的图形，使我们能够快速捕捉到数据中的模式和趋势。通过使用Python的数据可视化库（如Matplotlib和Seaborn），我们能够创建各种表现时间数据的图表，从基础的折线图到复杂的热度图和脊线图。本章将深入研究时间数据可视化的方式，并介绍有效的可视化策略和技巧。

4.2 连续型时间数据可视化

4.2.1 阶梯图

阶梯图通常用于表示y坐标发生离散的变化，且在某个特定的x坐标处发生突然的变化。阶梯图以无规律、间歇阶跃的方式表示数值随时间的变化。比如银行利率就可以用阶梯图表示：银行利率一般会在较长时间内保持不变，由中央银行选择在特定时间节点进行调整。阶梯图的基本框架如图4-1所示。

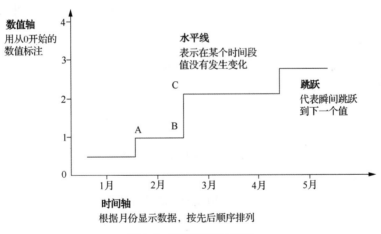

图4-1 阶梯图的基本框架

使用Matplotlib生成阶梯图的参考代码如下。

```python
import matplotlib.pyplot as plt

# 设置中文字体，防止乱码
plt.rcParams["font.sans-serif"]=["SimHei"]
```

```
# 设置正常显示负号
plt.rcParams["axes.unicode_minus"]=False

# 要展示的节点
x = [1, 2, 2.5, 4.5]
y = [0.5, 1, 2, 3]

# 生成阶梯图
plt.step(x, y, where='mid')
plt.xlabel('时间轴')
plt.ylabel('数值轴')

# 显示图形
plt.show()
```

结果如图4-2所示。

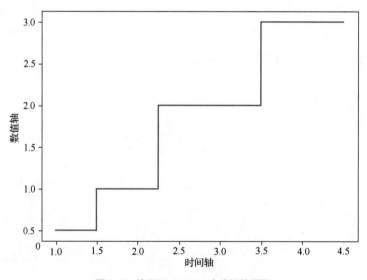

图4-2　使用Matplotlib生成的阶梯图

4.2.2　折线图

折线图是用直线段将各节点连接起来而组成的图形，以折线方式显示数据的变化趋势。在折线图中，沿横轴均匀分布的是时间，沿纵轴均匀分布的是数值。折线图比较适用于表现趋势，常用于展现人口增长趋势、图书销量、"粉丝"增长进度等时间数据。这种图表的基本框架如图4-3所示。

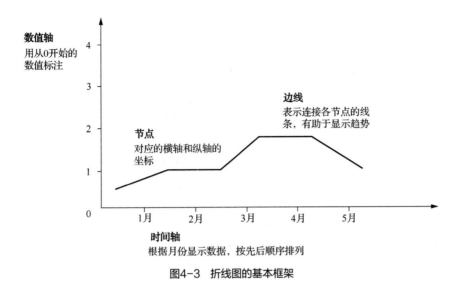

数值轴
用从0开始的
数值标注

节点
对应的横轴和纵轴的
坐标

边线
表示连接各节点的线
条，有助于显示趋势

时间轴
根据月份显示数据，按先后顺序排列

图4-3 折线图的基本框架

从图4-3可以看出数据变化的整体趋势。注意，横轴长度会影响展现的折线的趋势。若图中的横轴过长，节点之间的距离比较大，则会使得整个折线非常夸张；若横轴过短，则数据的变化趋势可能不明显。所以合理地设置横轴的长度十分重要。

使用Matplotlib生成折线图的参考代码如下。

```python
import matplotlib.pyplot as plt

# 设置中文字体，防止乱码
plt.rcParams["font.sans-serif"]=["SimHei"]
# 设置正常显示负号
plt.rcParams["axes.unicode_minus"]=False

# 示例数据
months = ['1月', '2月', '3月', '4月', '5月']
performance = [0.8, 1, 1, 2, 1]

# 创建折线图
plt.figure(figsize=(10, 6))
plt.plot(months, performance, marker='o')

# 设置图表标题和坐标轴标签
plt.title('折线图示例', fontsize=14)
plt.xlabel('时间轴', fontsize=12)
plt.ylabel('数值轴', fontsize=12)

plt.show()
```

结果如图4-4所示。

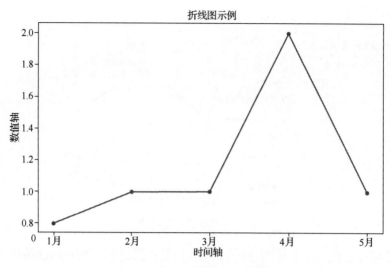

图4-4　使用Matplotlib生成的折线图

4.2.3　南丁格尔玫瑰图

南丁格尔玫瑰图是英国护士和统计学家弗洛伦斯·南丁格尔（Florence Nightingale）发明的，又称为极坐标面积图。南丁格尔自己常称这类图为鸡冠花图（Cockscomb Diagram），用以表达军医院季节性的死亡率，提供给那些不太能理解传统统计报表的公务人员使用。南丁格尔玫瑰图适用于表现随时间变化的循环现象。和传统的饼图相比，南丁格尔玫瑰图更加绚丽，给人的感觉更直观、深刻，因此，南丁格尔玫瑰图在数据可视化领域的应用十分广泛。南丁格尔玫瑰图的基本框架如图4-5所示。

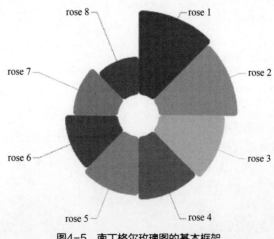

图4-5　南丁格尔玫瑰图的基本框架

使用Pyecharts生成南丁格尔玫瑰图的参考代码如下。

```python
import pandas as pd
from pyecharts.charts import Pie
from pyecharts import options as opts

# 准备数据
provinces = ['北京','上海','黑龙江','吉林','辽宁','内蒙古','新疆','西藏','青海',
'四川','云南','陕西','重庆', '贵州','广西','海南','甘肃','湖南','江西','福建','安徽',
'浙江','江苏','宁夏','山西','河北','天津']
num = [1,1,1,17,9,22,23,42,35,7,20,21,16,24,16,21,37,12,13,14,13,7,22,8,16,
13,13]
color_series = ['#FAE927','#E9E416','#C9DA36','#9ECB3C','#6DBC49',
                '#37B44E','#3DBA78','#14ADCF','#209AC9','#1E91CA',
                '#2C6BA0','#2B55A1','#2D3D8E','#44388E','#6A368B',
                '#7D3990','#A63F98','#C31C88','#D52178','#D5225B',
                '#D02C2A','#D44C2D','#F57A34','#FA8F2F','#D99D21',
                '#CF7B25','#CF7B25','#CF7B25']

 # 创建数据框
df = pd.DataFrame({'provinces': provinces, 'num': num})
# 降序排列
df.sort_values(by='num', ascending=False, inplace=True)

# 提取数据
v = df['provinces'].values.tolist()
d = df['num'].values.tolist()

# 实例化Pie类
pie1 = Pie(init_opts=opts.InitOpts(width='1350px', height='750px'))
# 设置颜色
pie1.set_colors(color_series)
# 添加数据，设置饼图的半径，以及是否展示成南丁格尔玫瑰图
pie1.add("", [list(z) for z in zip(v, d)],
        radius=["30%", "135%"],
        center=["50%", "65%"],
        rosetype="area"
        )
# 设置全局配置项
pie1.set_global_opts(title_opts=opts.TitleOpts(title='南丁格尔玫瑰图示例'),
                legend_opts=opts.LegendOpts(is_show=False),
```

```
                    toolbox_opts=opts.ToolboxOpts())
# 设置系列配置项
pie1.set_series_opts(label_opts=opts.LabelOpts(is_show=True,position="inside",
font_size=12,
formatter="{b}: {c}天", font_style="italic",
 font_weight="bold", font_family="Microsoft YaHei"
                                               ),
                    )
# 生成HTML文件
pie1.render('南丁格尔玫瑰图.html')
```

结果如图4-6所示。

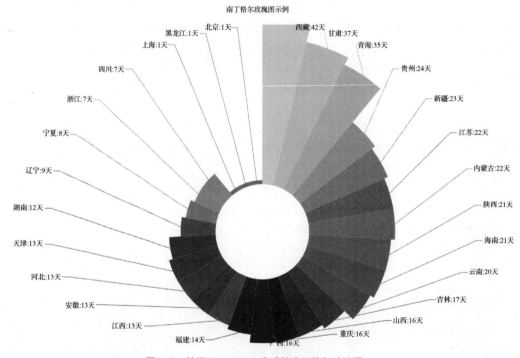

图4-6　使用Pyecharts生成的南丁格尔玫瑰图

4.2.4　热度图

热度图通过色彩变化来显示数据，适合交叉检查多变量的数据。热度图还适用于显示多个变量之间的差异，显示是否有相似的变量以及变量之间是否有相关性。由于热度图依赖颜色来表达数值，因此难以提取特定节点或准确指出色块间的差异。图4-7所示为一个热度图示例。

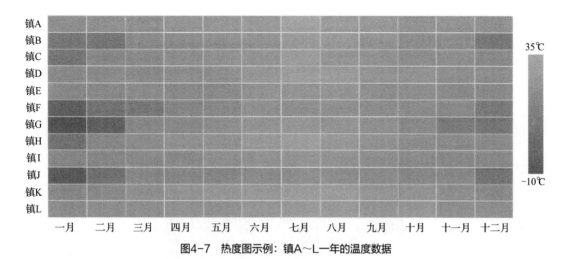

图4-7　热度图示例：镇A~L一年的温度数据

使用Matplotlib生成热度图的参考代码如下。

```python
# 导入必要的库
import matplotlib.pyplot as plt
import numpy as np

# 设置中文字体，防止乱码
plt.rcParams["font.sans-serif"]=["SimHei"]
# 设置正常显示负号
plt.rcParams["axes.unicode_minus"]=False

# 生成示例数据
data = np.random.rand(10, 10)

# 创建热度图
plt.figure(figsize=(8, 6))
cax = plt.matshow(data, cmap='viridis')

# 添加颜色条
plt.colorbar(cax)

# 设置标题和坐标轴标签
plt.title('热度图示例', pad=20)
plt.xlabel('X轴标签')
plt.ylabel('Y轴标签')
plt.show()
```

结果如图4-8所示。

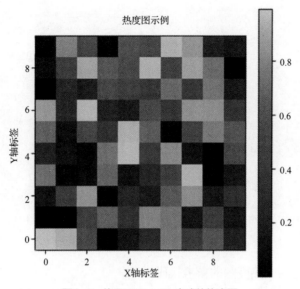

图4-8　使用Matplotlib生成的热度图

4.2.5　脊线图

　　脊线图通过连续的线条和填充颜色来表示数据的分布，使得比较不同分布成为可能。当用于显示不同组或类别的数据分布时，脊线图能有效地揭示每个组或类别的数据的分布特征和整体趋势。与普通的密度图相比，脊线图可以并列展示多个密度图，从而便于观察多个分布之间的差异。每个分布都用一条平滑的曲线和下方的阴影区域表示，使得观察者可以清晰地看到数据的集中趋势、离散程度以及峰值。然而，脊线图可能难以在单一视图中表现大量的组别，且对于展示具体的节点或细节较为有限。图4-9所示为一个脊线图示例。

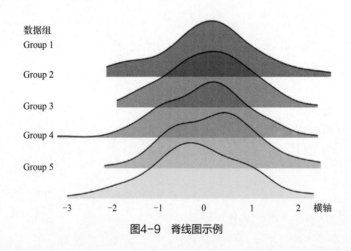

图4-9　脊线图示例

脊线图需要使用Matplotlib并配合Seaborn来绘制。生成脊线图的参考代码如下。

```python
import matplotlib.pyplot as plt
import numpy as np
import seaborn as sns
from scipy.stats import norm
import pandas as pd

# 设置样式
sns.set(style="white", rc={"axes.facecolor": (0, 0, 0, 0)})
# 设置中文字体，防止乱码
plt.rcParams["font.sans-serif"]=["SimHei"]
# 设置正常显示负号
plt.rcParams["axes.unicode_minus"]=False

# 使用NumPy随机生成5组数据
np.random.seed(10)
x = np.linspace(-3, 3, 100)
data = pd.DataFrame(data=np.random.normal(size=(100, 5)), columns=['A',
'B', 'C', 'D', 'E'])

# 初始化Matplotlib图和轴
plt.figure(figsize=(10, 6))
ax0 = plt.subplot(5, 1, 1)

# 创建一系列的轴
axes = [ax0]
for i in range(1, 5):
    ax = plt.subplot(5, 1, i + 1, sharex=ax0)
    axes.append(ax)

colors = sns.color_palette("husl", 5)

# 绘制每个分布
for i, ax in enumerate(axes):
    sns.kdeplot(data.iloc[:, i], ax=ax, color=colors[i], fill=True)
    ax.axhline(y=0, lw=2, clip_on=False)
    ax.set_yticks([])
    ax.set_ylabel(data.columns[i], rotation=0, labelpad=15)

# 移除边框，否则会出现叠加现象
for ax in axes:
    ax.spines["left"].set_visible(False)
```

```
    ax.spines["right"].set_visible(False)
    ax.spines["top"].set_visible(False)
    ax.spines["bottom"].set_visible(False)

plt.subplots_adjust(hspace=-0.7)

plt.show()
```

结果如图4-10所示。

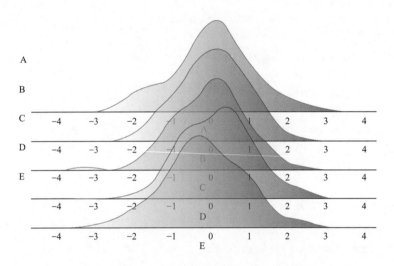

图4-10　使用Matplotlib配合Seaborn生成的脊线图

4.3　离散型时间数据可视化

离散型时间数据又称非连续型时间数据，这类数据在任何两个时间点之间的个数是有限的。比如某公司每季度的销售额、每次进行的人口普查结果或者某公司的月度盈利数据都是离散型时间数据。类似的例子还有很多，下面将介绍如何对离散型时间数据进行可视化处理。

4.3.1　散点图

散点图是指在数理统计和回归分析中，节点在平面直角坐标系上的分布图。散点图表示因变量随自变量变化的趋势，由此趋势选择合适的函数进行经验分布的拟合，可以找到变量之间的函数关系。在散点图中，横轴表示时间，纵轴表示对应的数值。散点图的基本框架如图4-11所示。

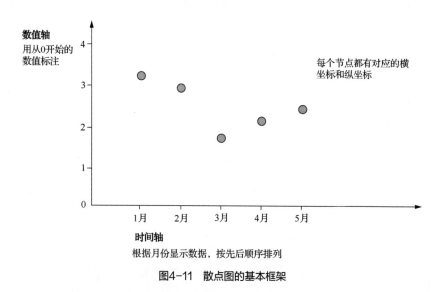

图4-11 散点图的基本框架

使用Matplotlib生成散点图的参考代码如下。

```
import matplotlib.pyplot as plt

# 设置中文字体，防止乱码
plt.rcParams["font.sans-serif"]=["SimHei"]
# 设置正常显示负号
plt.rcParams["axes.unicode_minus"]=False

# 示例数据
months = ['1月', '2月', '3月', '4月', '5月']
performance = [3.2, 2.9, 1.7, 2, 2.5]

# 创建散点图
plt.figure(figsize=(10, 6))
plt.scatter(months, performance)

# 设置图表标题和坐标轴标签
plt.title('散点图示例', fontsize=14)
plt.xlabel('时间轴', fontsize=12)
plt.ylabel('数值轴', fontsize=12)

plt.show()
```

结果如图4-12所示。

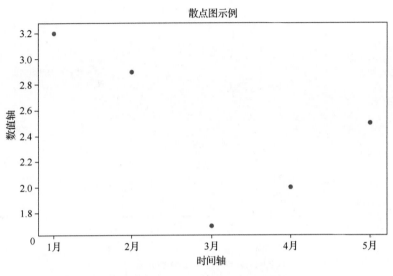

图4-12　使用Matplotlib生成的散点图

4.3.2　柱形图

柱形图又称条形图，它通过矩形条的长度或高度来表示不同类别的数据。柱形图简洁、醒目，是一种常用的统计图形，图4-13所示为其基本框架。

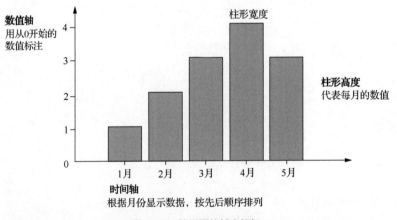

图4-13　柱形图的基本框架

柱形图一般用于显示一段时间内的数据变化或显示各项之间的比较情况。柱形的高度代表数值，柱形越矮表示数值越小，柱形越高表示数值越大。另外需要注意的是，柱形的宽度与相邻柱形的间距决定了整个柱形图的美观程度。如果柱形的宽度小于相邻柱形的间距，则会使观者的注意力集中在空白处而忽略了数据，所以合理地设置柱形宽度很重要。

使用Matplotlib生成柱形图的参考代码如下。

```
import matplotlib.pyplot as plt

# 设置中文字体，防止乱码
plt.rcParams["font.sans-serif"]=["SimHei"]
# 设置正常显示负号
plt.rcParams["axes.unicode_minus"]=False

# 示例数据
months = ['1月', '2月', '3月', '4月', '5月']
values = [1, 2, 3, 4, 3]

# 创建柱形图
plt.figure(figsize=(10, 6))
plt.bar(months, values)

# 设置图表标题和坐标轴标签
plt.title('柱形图示例', fontsize=14)
plt.xlabel('时间轴', fontsize=12)
plt.ylabel('数值轴', fontsize=12)

plt.show()
```

结果如图4-14所示。

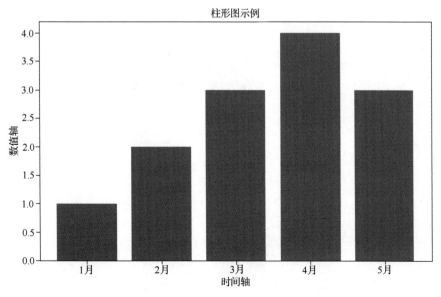

图4-14 使用Matplotlib生成的柱形图

4.3.3 堆叠柱形图

堆叠柱形图是普通柱形图的变体，是指在一个柱形上叠加一个或多个其他柱形，一般它们具有不同的颜色。若数据存在子类别，并且这些子类别相加有意义，则可以使用堆叠柱形图来表示。堆叠柱形图的基本框架如图4-15所示。

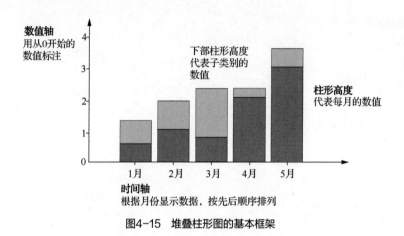

图4-15　堆叠柱形图的基本框架

使用Matplotlib生成堆叠柱形图的参考代码如下。

```python
import matplotlib.pyplot as plt

# 设置中文字体，防止乱码
plt.rcParams["font.sans-serif"]=["SimHei"]
# 设置正常显示负号
plt.rcParams["axes.unicode_minus"]=False

# 示例数据
months = ['1月', '2月', '3月', '4月', '5月']
values1 = [0.5, 1, 0.8, 2.2, 3.4]  # 第一部分数值
values2 = [1, 1, 1.6, 0.2, 0.2]  # 第二部分数值

# 创建堆叠柱形图
plt.figure(figsize=(10, 6))

# 绘制第一部分的柱形
p1 = plt.bar(months, values1, color='grey')

# 在第一部分的基础上绘制第二部分的柱形
p2 = plt.bar(months, values2, bottom=values1, color='black')
```

```
# 设置图表标题和坐标轴标签
plt.title('堆叠柱形图示例', fontsize=14)
plt.xlabel('时间轴', fontsize=12)
plt.ylabel('数值轴', fontsize=12)

# 添加图例
plt.legend((p1[0], p2[0]), ('第一部分', '第二部分'))

plt.show()
```

结果如图4-16所示。

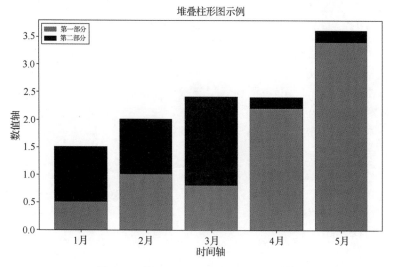

图4-16　使用Matplotlib生成的堆叠柱形图

4.3.4　点线图

点线图是离散型数据可视化的一种形式。可以说点线图是柱形图的一种变形，但重点在端点。图4-17所示为一个点线图示例。

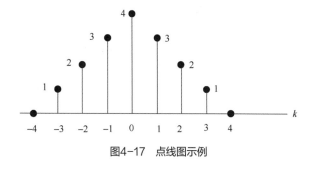

图4-17　点线图示例

使用Matplotlib生成点线图的参考代码如下。

```python
import matplotlib.pyplot as plt
import numpy as np

# 设置中文字体，防止乱码
plt.rcParams["font.sans-serif"]=["SimHei"]
# 设置正常显示负号
plt.rcParams["axes.unicode_minus"]=False

# 使用NumPy生成示例数据
years = np.arange(1995, 2011)
values = np.random.poisson(lam=1.0, size=len(years))

# 创建点线图
plt.figure(figsize=(8, 4))
plt.stem(years, values)

# 添加标题和坐标轴标签
plt.title('点线图示例')
plt.xlabel('年份/年')
plt.ylabel('频率')

plt.show()
```

结果如图4-18所示。

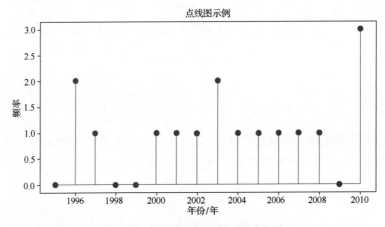

图4-18　使用Matplotlib生成的点线图

4.4　思考与练习

一、选择题

1. 在大数据中，时间数据的主要应用领域有哪些?（　　）

    A．股票交易　　　B．商品销售　　　C．社交媒体分析　　　D．上述所有

2. 连续型时间数据指的是什么?（　　）

    A．特定事件的记录时间　　　　　　B．连续记录的数据

    C．只在工作日记录的数据　　　　　D．随机时间点的数据记录

3. 以下哪种图形不适合表示连续型时间数据?（　　）

    A．折线图　　　B．阶梯图　　　C．脊线图　　　　D．散点图

4. 离散型时间数据倾向于记录哪种类型的信息?（　　）

    A．温度变化　　　　　　　　　　B．特定事件的记录时间

    C．持续时间较长的事件　　　　　D．时间段内的平均值

5. 堆叠柱形图通常用于展示什么?（　　）

    A．不同类别数据的对比

    B．单一数据随时间的变化

    C．多个数据类别在特定时间点的累积值

    D．数据的周期性变化

二、判断题

1. 所有数据都是带有时间标签的。（　　）

2. 时间数据只在金融领域内有应用。（　　）

3. 折线图不能有效表示时间数据的变化趋势。（　　）

4. 离散型时间数据不能用散点图表示。（　　）

三、填空题

1. 可视化是理解时间数据的关键_____。

2. 使用Python的数据可视化库，如_____和_____，可以创建各种表现时间数据的图表。

3. _____图通常用于表示y坐标发生离散的变化，且在某个特定的x坐标处发生突然的变化。

四、问答题

1. 解释连续型时间数据和离散型时间数据的区别。

2. 阶梯图有哪些应用场景?

3．如何使用柱形图表示时间数据？

4．为什么说可视化是理解时间数据的关键方法？

5．简述如何选择适合不同类型时间数据的图形。

五、应用题

1．假设你有一组股票价格数据（连续型时间数据），描述如何使用折线图和阶梯图来表示这些数据，并解释选择这两种图形的理由。

2．设计一个展示某商品每月销量（离散型时间数据）的可视化方案，说明选择的图形类型及其优势。

4.5 实训：Matplotlib绘图与主题更改

本实训将使用Python中的Matplotlib来创建数据可视化图表，并更改图表的主题和样式。

4.5.1 需求说明

在Python环境中使用Matplotlib创建多种类型的图表，如折线图、柱形图、散点图、饼图等，并尝试应用不同的主题和样式来改变图表的外观。

4.5.2 实现思路及步骤

（1）环境准备：确保Python环境已正确配置，并已安装Matplotlib，导入必要的Python模块。

（2）基本绘图：使用Matplotlib创建基本图表，设置图表的标题、坐标轴标签、图例和颜色等。绘制折线图、柱形图、散点图和饼图，通过这些图表理解数据的不同视觉表示方法。

（3）更改主题与样式：探索Matplotlib的样式表，使用不同的预设样式改变图表的整体外观。自定义图表样式，包括调整颜色、字体、线型和背景等，以实现特定的视觉效果。

（4）探索高级功能：尝试应用Matplotlib的高级功能，如子图布局、动画制作和交互式图表等，以创建更复杂的图表。将图表保存为不同格式的文件，便于在报告和演示文稿中使用。

## 第 5 章

Python关系数据可视化

本章将讲解关系数据在大数据中的应用及图形表示方法，主要介绍数据关联性的可视化与数据分布性的可视化。

学习目标

- 掌握数据关联性的可视化方法。
- 掌握数据分布性的可视化方法。

5.1 关系数据的探索

在进行大数据挖掘前的重要一步就是探索变量的相关关系，进而才能挖掘可能隐藏的因果关系。

分析数据时，我们可以从整体进行观察，也可以关注数据的分布，如观察数据间是否存在重叠或者是否毫不相干，还可以从更宽泛的角度观察各分布数据之间的相关关系。最重要的一点是确定在进行数据可视化处理后，得到的图表所表达的意义是什么。

关系数据具有关联性和分布性。下文将通过实例具体讲解关系数据的可视化，以及如何观察数据间的相关关系。

5.2 数据关联性的可视化

数据关联性的可视化是指通过视觉元素展示数据间的相互联系和相互影响的过程。数据关联性的可视化的关键在于揭示数据间的相互作用、依赖关系或模式。这可以包括展示变量之间的相关性，如通过散点图展示两个变量之间的关系，或者通过气泡图展示多个变量间的复杂互动。例如，股市中不同股票之间的相关性、气候变化对农作物产量的影响都可以通过数据关联性的可视化来呈现。生活中还有许多类似的实例，下面将探讨如何利用不同的图表来有效地展示数据间的关联性。

5.2.1　用散点图展示关系数据

第4章介绍了以时间为横轴的散点图，它用于发现数据和时间的相关关系。将横轴替换为其他变量，就可以用来比较跨类别的聚合数据。散点图一般有3种关系：正相关、负相关和不相关，如图5-1所示。正相关时，横轴数据和纵轴数据变化趋势相同；负相关时，横轴数据和纵轴数据变化趋势相反；不相关时，散点的排列则是杂乱无章的。统计学中有更科学的方法（如相关系数）用于衡量两个变量的相关性，但是散点图是判断相关性的最简单、直观的方法，在计算相关系数前通常依靠散点图做出初步判断。

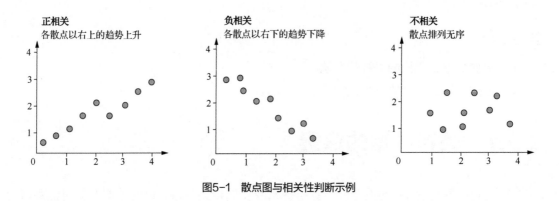

图5-1　散点图与相关性判断示例

使用散点图时要注意以下几点。

（1）当要在不考虑时间的情况下比较大量节点时，常使用散点图。

（2）即使自变量为连续变量，也可以使用散点图。

（3）如果散点图中有多个序列，可以考虑将不同序列的点的标记形状更改为正方形、三角形、菱形或其他形状。

（4）散点图中包含的数据越多，比较的效果就越好。

绘制散点图的具体代码可以参考4.3.1小节，此处不再赘述。

5.2.2　散点图矩阵

散点图矩阵借助两个变量的散点图绘制而成，它可以看作一个大的图形方阵。

借助散点图矩阵可以清晰地看到所研究的多个变量两两之间的关系。散点图矩阵的基本框架如图5-2所示。

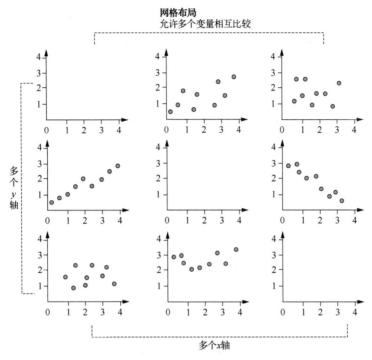

图5-2　散点图矩阵的基本框架

5.2.3　气泡图

　　气泡图和散点图相比，多了一个维度的数据。气泡图就是将散点图中没有大小的"点"变成有大小的"气泡"，气泡的大小可以用来表示多出的那一维数据的大小。气泡图让我们可以同时比较3个变量，其基本框架如图5-3所示。

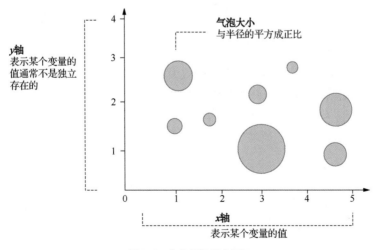

图5-3　气泡图的基本框架

一个具体的例子如图5-4所示。二手车的价格与里程及车龄有关，可以看出，两个指标越小，气泡越大，代表价格越高，两个指标越大，气泡越小，代表价格越低。

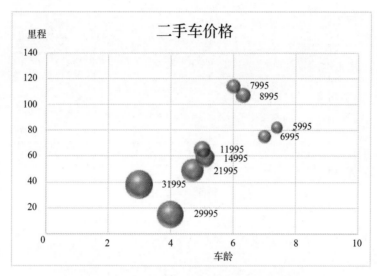

图5-4　二手车车龄、里程与价格的关系气泡图

如果使用Matplotlib绘制气泡图，只需要在绘制散点图的代码上进行一些简单的修改，代码如下。

```python
import matplotlib.pyplot as plt

# 设置中文字体，防止乱码
plt.rcParams["font.sans-serif"]=["SimHei"]
# 设置正常显示负号
plt.rcParams["axes.unicode_minus"]=False

# 示例数据
months = ['1月', '2月', '3月', '4月', '5月']
performance = [3.2, 2.9, 1.7, 2, 2.5]
sizes = [50, 100, 150, 200, 250]  # 每个气泡的大小

# 创建气泡图
plt.figure(figsize=(10, 6))
plt.scatter(months, performance, s=sizes)  # s 参数用于设置气泡的大小

# 设置图表标题和坐标轴标签
plt.title('气泡图示例', fontsize=14)
plt.xlabel('时间轴', fontsize=12)
```

```
plt.ylabel('数值轴', fontsize=12)
```

```
plt.show()
```

　　绘制得到的图表如图5-5所示。

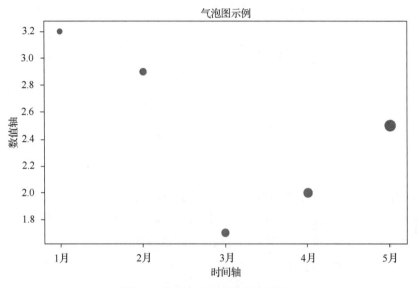

图5-5　使用Matplotlib绘制的气泡图

5.3　数据分布性的可视化

　　数据分布性的可视化是指通过视觉元素展示数据在一个或多个维度上的分布情况。这种可视化方式的关键在于揭示数据集中的模式、异常、趋势和结构。例如，直方图或密度图可以展示单个变量的分布情况，显示数据集中各个值的频率或概率密度；茎叶图可以展示数据的集中趋势和离散程度。下面将探讨如何利用各种图表来有效地展示数据分布性。

5.3.1　茎叶图

　　茎叶图又称枝叶图，是在20世纪早期由英国统计学家阿瑟·鲍利（Arthur Bowley）设计的。1997年，统计学家约翰·图基（John Tukey）在其著作《探索性数据分析》（*Exploratory Data Analysis*）中对这种绘图方法进行了介绍，此后这种作图方法变得流行起来。茎叶图示例如图5-6所示。

茎	叶
0	5 8
1	2 3 5 7
2	0 0 0 5 8 8 9
3	0 0 1 3 3 3 6 6 7 7 7 7 7 7 8 8 8 9 9
4	1 3 5 5 5 6 7 7 8 8 8 8 9 9
5	0 0 0 1 1 1 1 2 6 8
6	0 0 1 1 2 4 4 4 4 4 8 8 9
7	0 5 5 5 5 7
8	3 4 4 5 6 6 6 7 8 9
9	0 1 2 2 2 2 5 5 6 8 9 9
10	2 2 2 5 7

原始数据：
102, 102, 102, 105, 107

图5-6　茎叶图示例

绘制茎叶图的思路是将数组中的数按位进行比较，将大小基本不变或变化不大的位的数作为主干（茎），将变化大的位的数作为分枝（叶），列在主干的后面，这样我们就可以清楚地看到每个主干后面的数，以及每个数具体是多少。

茎叶图是一个与直方图相类似的特殊工具，但又与直方图不同，茎叶图会保留原始数据，而直方图会失去原始数据。直方图通过分组展示数据，原始数据的具体值会丢失。而茎叶图则通过茎和叶的组合保留了原始数据。将茎叶图的茎和叶沿逆时针方向旋转90°，可近似得到一个直方图。此时，茎部分相当于直方图中的横轴，表示数据的分组或区间；叶部分相当于直方图中的柱形，表示每个分组中的数据个数或频数。

茎叶图的优点是没有原始数据的损失，所有数据都可以从茎叶图中得到；可以随时添加数据，方便记录与表示。茎叶图的缺点是只适合表示个位之间相差不大的数据，而且只方便记录有两个变量的数据。

茎叶图十分直观且简单，可以使用Excel方便地进行绘制。

5.3.2　直方图

上一小节提到，直方图与茎叶图类似，若将茎叶图沿逆时针方向旋转90°，则行就变成列，若继续把每列的数字改成柱形，则可得到一个直方图。直方图又称质量分布图，是数值数据分布的精确图形表示。直方图中的柱形高度表示的是数值频率，柱形宽度是取值区间。直方图中的柱形是连续的，而柱形图中的柱形是分离的。直方图的基本框架如图5-7所示。

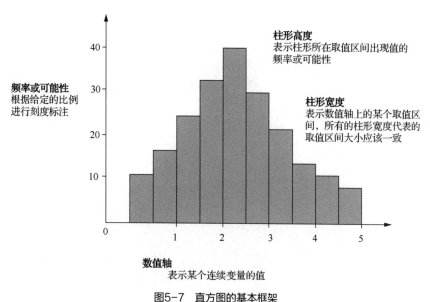

柱形高度
表示柱形所在取值区间出现值的
频率或可能性

频率或可能性
根据给定的比例
进行刻度标注

柱形宽度
表示数值轴上的某个取值区
间，所有的柱形宽度代表的
取值区间大小应该一致

数值轴
表示某个连续变量的值

图5-7　直方图的基本框架

使用Seaborn来进行直方图的绘制，相关代码如下。

```python
import matplotlib.pyplot as plt
import numpy as np
import seaborn as sns

# 设置中文字体，防止乱码
plt.rcParams["font.sans-serif"]=["SimHei"]
# 设置正常显示负号
plt.rcParams["axes.unicode_minus"]=False

# 随机生成一些数据
data = np.random.normal(loc=50, scale=10, size=1000)

# 使用Seaborn绘制直方图
plt.figure(figsize=(10, 6))
sns.histplot(data, bins=30, color='blue', edgecolor='black')

# 设置图表标题和坐标轴标签
plt.title('直方图示例', fontsize=14)
plt.xlabel('数值', fontsize=12)
plt.ylabel('频率', fontsize=12)

plt.show()
```

绘制得到的图表如图5-8所示。

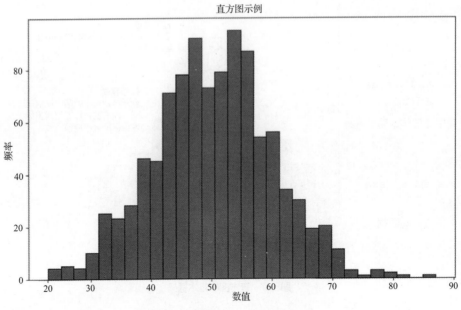

图5-8　使用Seaborn绘制的直方图

5.3.3　密度图

　　直方图反映的是一组数据的分布情况，其中的柱形是连续的，但没有展示每个柱形的内部变化。而茎叶图展示了具体数值，但是数值间的差距并不是很明确。为了呈现更多的细节，人们提出了密度图，可用它对数据分布的细节变化进行可视化处理。

　　当直方图分段变多时，每个区间的宽度就会变小，从而更精细地捕捉数据的分布情况。如果在这些区间的顶部画出折线，并且继续增加分段数量，使区间宽度趋近于零，折线将逐渐变得平滑，最终形成一条光滑的曲线。这条曲线称为总体的密度分布曲线，可以反映数据分布的密度情况。密度图的基本框架如图5-9所示。

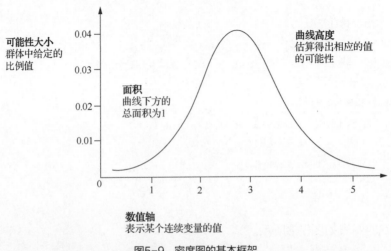

图5-9　密度图的基本框架

使用Seaborn来进行密度图的绘制，相关代码如下。

```python
import matplotlib.pyplot as plt
import numpy as np
import seaborn as sns

# 设置中文字体，防止乱码
plt.rcParams["font.sans-serif"]=["SimHei"]
# 设置正常显示负号
plt.rcParams["axes.unicode_minus"]=False

# 随机生成一些数据
data = np.random.normal(loc=50, scale=10, size=1000)

# 使用Seaborn绘制密度图
plt.figure(figsize=(10, 6))
sns.kdeplot(data, shade=True, color="r")

# 设置图表标题和坐标轴标签
plt.title('密度图示例', fontsize=14)
plt.xlabel('数值', fontsize=12)
plt.ylabel('密度', fontsize=12)

plt.show()
```

绘制得到的图表如图5-10所示。

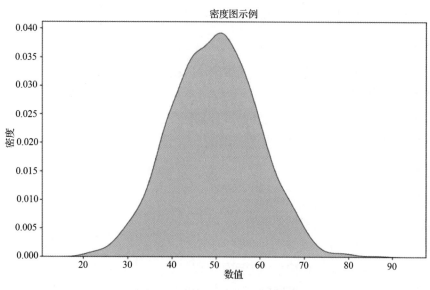

图5-10　使用Seaborn绘制的密度图

5.4 思考与练习

一、选择题

1. 在进行大数据挖掘前，探索变量的哪种关系是挖掘可能隐藏的因果关系的重要一步?（　　）

    A. 时间序列关系　B. 相关关系　　　C. 分布性　　　　D. 维度关系

2. 在数据关联性的可视化中，使用哪种图表可以展示两个变量之间的关系?（　　）

    A. 直方图　　　　B. 密度图　　　　C. 散点图　　　　D. 茎叶图

3. 散点图中两个变量呈现哪种趋势时，表示它们正相关?（　　）

    A. 变化趋势相同　B. 无明显趋势　　C. 变化趋势相反　D. 数值大小相同

4. 在绘制气泡图时，气泡的大小表示什么?（　　）

    A. 变量的重要性　　　　　　　　B. 节点的数量

    C. 额外维度的数据的大小　　　　D. 变量之间的距离

5. 直方图与茎叶图的主要差异在于什么?（　　）

    A. 能否保留原始数据　　　　　　B. 数据的可视化类型

    C. 是否适用于所有数据　　　　　D. 绘制方法的复杂度

二、判断题

1. 关系数据在大数据中的应用不包括数据的时间序列分析。（　　）

2. 散点图不能用于表示两个以上的变量之间的关系。（　　）

3. 气泡图在散点图的基础上增加了一个维度的数据表示。（　　）

4. 使用茎叶图显示数据分布时，会丢失原始数据。（　　）

5. 直方图的柱形高度表示的是数值的频率。（　　）

三、填空题

1. 散点图可以用于发现数据和_____的相关关系。

2. 茎叶图是由_____设计的。

3. 在使用Matplotlib绘制气泡图时，可以通过设置s参数来调整_____的大小。

4. 密度图可以反映数据分布的_____情况。

四、问答题

1. 描述数据关联性可视化的目的。

2. 散点图矩阵的基本框架是怎样的?

3. 如何使用Matplotlib绘制气泡图?

4. 直方图在数据分布性可视化中起到什么作用?

5. 密度图与直方图有什么不同?它们分别适用于什么场景?

五、应用题

1．给定一组数据，如何使用散点图判断两个变量是否存在相关性？

2．请设计一个实验，使用茎叶图和直方图分别展示同一数据集，比较它们在表示数据分布性时的优势和不足。

5.5　实训：Seaborn绘图与主题更改

本实训将使用Python的Seaborn来创建数据可视化图表，并更改图表的主题和样式，以满足不同的展示需求。

5.5.1　需求说明

在Python环境中使用Seaborn创建多种类型的图表，并尝试应用不同的主题和样式来改变图表的外观。

5.5.2　实现思路及步骤

（1）环境准备：确保Python环境已正确配置，并已安装Seaborn。

（2）基本绘图：使用Seaborn创建基本的图表，如散点图、直方图、密度图等。

（3）主题应用：探索并应用Seaborn的不同主题（如dark、whitegrid等），观察和比较这些主题对图表外观的影响。

（4）自定义样式：尝试调整图表的样式选项，如颜色、字体大小和图表元素的布局等。

第**6**章

Python比例数据可视化

比例数据是根据不同的类别、子类别或群体来进行划分的数据。本章将讨论如何通过比例数据可视化展现各个类别的占比情况和相关关系。

学习目标

- 了解比例数据的相关概念。
- 掌握比例数据以及时空比例数据的可视化方法。

6.1 比例数据可视化概述

对比例数据进行可视化是为了寻找整体中的最大值和最小值、发现整体的分布构成以及各部分之间的相关关系。寻找最大值和最小值比较简单，将数据由小到大进行排列，位于两端的就是最小值和最大值。例如，如果画出一顿早餐中食物热量的占比图，那么最小值、最大值分别对应了热量最低和最高的食物。然而，研究者更关心整体的分布构成以及各部分之间的相关关系，这并不是那么容易获取的。本章涉及的图表将为读者解答这类涉及整体分布构成以及各部分之间相关关系的问题。

6.2 比例数据的可视化

6.2.1 饼图

饼图是十分常见的统计学模型，可以直观形象地表示比例关系。饼图能衍生出视觉效果各异的图形，但是它们都遵循饼图的基本框架，如图6-1所示。

虽然可以在对应的部分标上精确数据，但是有时扇形过小，标注数据会存在一定困难，无法兼顾美观。饼图可以直观地呈现各部分的占比差别，以及部分与整体之间的比例关系。

使用Matplotlib绘制饼图的参考代码如下，生成的图形如图6-2所示。

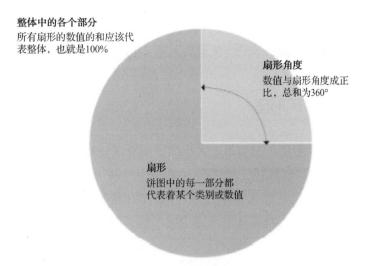

整体中的各个部分
所有扇形的数值的和应该代表整体，也就是100%

扇形角度
数值与扇形角度成正比，总和为360°

扇形
饼图中的每一部分都代表着某个类别或数值

图6-1　饼图的基本框架

```python
import matplotlib.pyplot as plt

plt.rcParams['font.sans-serif']='SimHei'  # 设置中文字体
plt.figure(figsize=(6,6))  # 将画布设定为正方形，则绘制的饼图是圆形
label=['正常入学','错后入学','提前入学']  # 定义饼图的标签
explode=[0.01,0.01,0.01]
values=[719,84,196]
# 绘制饼图
plt.pie(values,explode=explode,labels=label,autopct='%1.1f%%')
plt.title('入学时间饼图')  # 设置图表标题
plt.savefig('./入学时间饼图')  # 保存图片
plt.show()
```

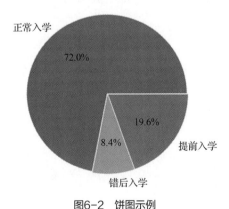

图6-2　饼图示例

从图6-2中可以看出，根据入学时间，学生被分为了3类，七成多的学生都在正常时间入学，不到一成的学生错后入学，近两成的学生提前入学。

6.2.2 环形图

环形图是由两个不同大小的饼图叠在一起，去除中间重叠部分所形成的图形。环形图与饼图外观相似，环形图中有一个"洞"，样本中的每一部分数据用环中的一段来表示。环形图可显示样本各部分所占的相应比例，从而有利于对数据的构成进行研究。不同于饼图，环形图采用各个弧形的长度衡量比例的大小。环形图的基本框架如图6-3所示。

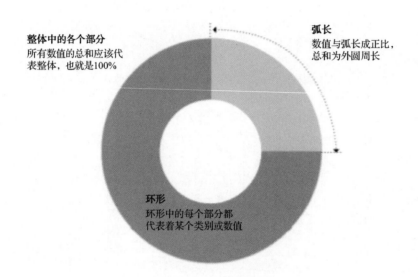

图6-3 环形图的基本框架

绘制环形图的Python代码如下，生成的图形如图6-4所示。

```
import matplotlib.pyplot as plt

plt.rcParams['font.sans-serif']='SimHei'  # 设置中文字体
# 创建数据
names='正常入学', '错后入学', '提前入学'
size=[719, 84, 196]
# 画环形图，labels用于设置标签，colors代表颜色
plt.pie(size,labels=names, colors=['red', 'green', 'blue'],
wedgeprops=dict(width=0.3, edgecolor='w'))
# 设置x轴和y轴等比例
plt.axis('equal')
plt.show();
```

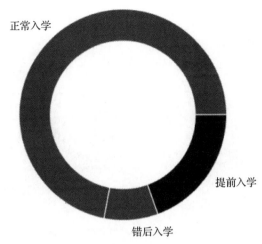

正常入学

提前入学

错后入学

图6-4　环形图示例

6.2.3　用堆叠柱形图展示比例数据

堆叠柱形图也可以用来展示比例数据，其基本框架如图6-5所示。

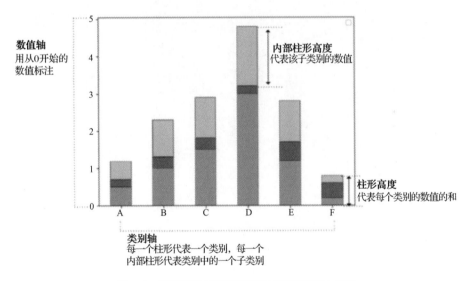

图6-5　用于展示比例数据的堆叠柱形图的基本框架

使用堆叠柱形图进行不同比例之间的变化的比较，以及时间序列的比较是具有优势的。下面用一个例子来说明这样可视化的好处。

假如需要对5家公司两年的营业额进行可视化。这5家公司的营业额占比都约为20%，饼图可视化结果如图6-6所示。可以看到，当使用饼图可视化此数据集时，很难看出准确的趋势。

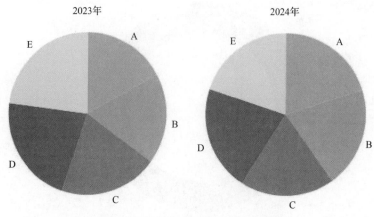

图6-6　5家公司两年的营业额占比饼图

　　切换到堆叠柱形图时，图中的信息会变得更清晰。现在可以清楚地看到A公司的营业额增长和E公司的营业额减少的趋势，如图6-7所示。

　　具体代码可以参考4.3.3小节的堆叠柱形图部分，此处不再赘述。

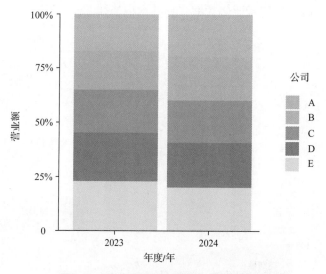

图6-7　5家公司两年的营业额占比堆叠柱形图

6.2.4　矩形树图

　　矩形树图主要用来对树状结构的数据进行可视化，是一种特殊的图表类型，具有唯一的根节点、左子树和右子树。

　　矩形树图是一种基于矩形面积的可视化方式。外部矩形代表类别，内部矩形代表子类别。矩形树图可以呈现树状结构的数据的比例关系，其基本框架如图6-8所示。

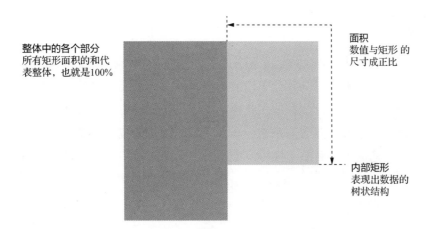

整体中的各个部分
所有矩形面积的和代
表整体，也就是100%

面积
数值与矩形 的
尺寸成正比

内部矩形
表现出数据的
树状结构

图6-8 矩形树图的基本框架

当数据较多且有多个层次时，饼图的展示效果往往会大打折扣，此时不妨试一试矩形树图，它能更清晰、层次化地展示数据的比例关系。电子商务、产品销售等涉及大量品类的数据分析，都可以用矩形树图。

在Python中，可以使用Squarify生成这种矩形树图，参考代码如下。

```python
import matplotlib.pyplot as plt
import squarify  # 导入Squarify

# 随机输入4个样本数据
sizes = [10, 20, 30, 40]

# 创建简单的矩形树图
squarify.plot(sizes, label=["A", "B", "C", "D"], alpha=0.7)
plt.show()
```

生成的图形如图6-9所示。

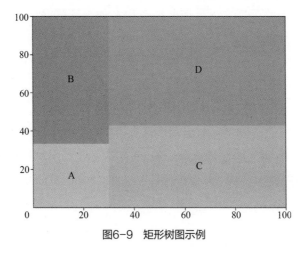

图6-9 矩形树图示例

6.2.5 和弦图

和弦图是一种用于展示多个项目之间关系的可视化图表。在和弦图中，数据通常以一个圆环来表示，节点围绕着圆环分布，节点之间以弧线相连以显示它们的关系，通过每条弧线的比例给每个连接分配数值。此外，还可以通过颜色将数据分类，直观地进行比较和区分。这些数据段之间的关系通过圆环内部的弦（弧线）来表示。和弦图常用于展示社交网络、交通流量、商品交换等多个项目之间的关系和交互模式，其基本框架如图6-10所示。

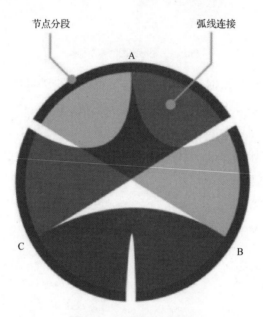

图6-10　和弦图的基本框架

和弦图通过弦的粗细来表示实体间关系的强度，通过弦的连接方式展示关系的方向（如果有的话），直观地揭示了数据间的相互作用强度和可能的依赖性。通过分析和弦图，可以识别数据集中的重要实体（那些拥有更多或更粗的弦的实体），以及实体间的主要交互模式，揭示系统的内在结构。图6-11展示了某个时段用户使用Uber软件在美国旧金山各个地区乘车时的交通情况，图中的节点表示地区，节点大小表示交通流量，从图中可以看出，交通行为主要发生在South of Market、Downtown、Financial District、Mission、Marina和Western Addition这6个地区。弦连接了有交通行为的两个地区，节点上弦的条数表示与当前地区有交通行为的地区的数量，弦的初始宽度表示从当前地区到目标地区的交通流量，弦的结束宽度表示从目标地区到当前地区的交通流量，从图中可以看出，从 South of Market到Financial District的交通流量最大。

图6-11　某个时段用户使用Uber软件在美国旧金山各个地区乘车时的交通情况

在Python中，仅使用Matplotlib绘制和弦图并不容易，我们可以配合使用一些基于Matplotlib的第三方库（比如开源免费的mpl_chord_diagram）来完成和弦图的绘制，相关代码如下。

```
import matplotlib.pyplot as plt
import numpy as np
from mpl_chord_diagram import chord_diagram # 引入mpl_chord_diagram

# 4个城市
names = ['A', 'B', 'C', 'D']

# 某一时段的交通流量
flux = np.array([
    [11975,  5871,  8916,  0],
```

```
    [ 1951,   0, 2060,   0],
    [ 8010, 16145, 3504,   0],
    [   0, 5200,  300, 6907]
])
```

```
# 绘制和弦图
chord_diagram(flux, names)
```

```
plt.show()
```

生成的图形如图6-12所示。

图6-12　和弦图示例

6.2.6　旭日图

旭日图是一种用于可视化层次数据的图表，通过多层的圆环展示数据的层次关系和比例。旭日图的中心是数据结构的根节点，每一层的圆环代表数据结构中的一个层级，向外层扩展显示更深层次的数据。旭日图非常适合展示树状结构（比如文件系统的目录结构、公司的组织架构、网站的导航结构等）数据的分布情况，其示例如图6-13所示。

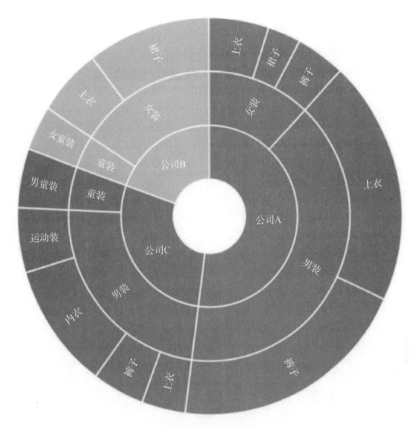

图6-13　旭日图的示例

　　旭日图的绘制有些复杂，没办法简单地使用Matplotlib完成，因此需要用到Pyecharts，相关代码如下。

```python
from pyecharts.charts import Sunburst
from pyecharts import options as opts

# 构造数据
data = [
    opts.SunburstItem(
        name="类别1",
        children=[
            opts.SunburstItem(name="子类1", value=1),
            opts.SunburstItem(name="子类2", value=2),
        ],
    ),
    opts.SunburstItem(
        name="类别2",
        value=3,
```

```
        children=[
            opts.SunburstItem(name="子类3", value=1),
            opts.SunburstItem(name="子类4", value=1),
            opts.SunburstItem(name="子类5", value=1),
        ],
    ),
]

# 创建旭日图
sunburst = (
    Sunburst(init_opts=opts.InitOpts(width="1000px", height="600px"))
    .add(series_name="", data_pair=data, radius=[0, "90%"])
    .set_global_opts(title_opts=opts.TitleOpts(title="旭日图示例"))
    .set_series_opts(label_opts=opts.LabelOpts(formatter="{b}"))
)

# 渲染图表到HTML文件
sunburst.render("sunburst_chart.html")
```

生成的图形如图6-14所示。

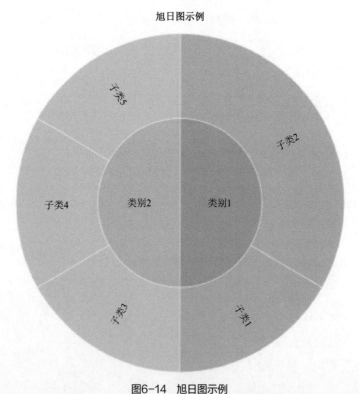

图6-14　旭日图示例

6.3　时空比例数据可视化

第4章中提到，数据往往都带有时间维度的信息，具有时间属性的比例数据也经常出现。例如，国家每年都会对各项消费占居民总消费的比例进行统计，每年的统计结果都会保存下来，各种消费占比随着时间的变化情况是国家很关心的信息，这可以反映国民的生活质量。

假设存在多个时间序列图表，将它们从下往上堆叠，不留间隙，最终得到一个堆叠面积图。堆叠面积图的基本框架如图6-15所示。

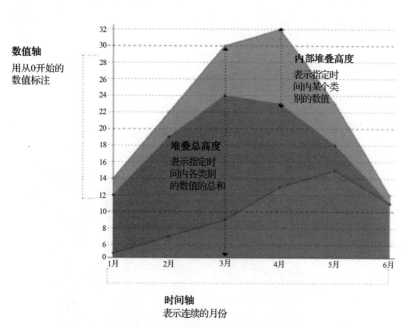

图6-15　堆叠面积图的基本框架

用Matplotlib简单地生成一张堆叠面积图，相关代码如下。

```python
import matplotlib.pyplot as plt
import numpy as np


# 设置中文字体，防止乱码
plt.rcParams["font.sans-serif"]=["SimHei"]
# 设置正常显示负号
plt.rcParams["axes.unicode_minus"]=False


# 定义数据
x = np.arange(1, 6)
```

```
y1 = np.array([1, 2, 3, 4, 5])
y2 = np.array([2, 2, 3, 3, 4])
y3 = np.array([1, 2, 1, 2, 1])

# 绘制堆叠面积图
plt.stackplot(x, y1, y2, y3, labels=['系列1', '系列2', '系列3'])
plt.legend(loc='upper left')

plt.xlabel('X轴')
plt.ylabel('Y轴')
plt.title('堆叠面积图示例')

plt.show()
```

生成的图形如图6-16所示。

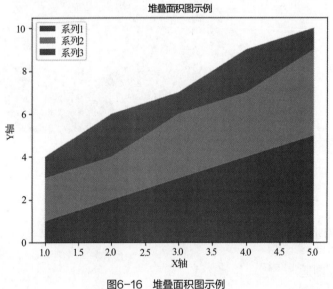

图6-16　堆叠面积图示例

6.4　思考与练习

一、选择题

1. 饼图主要用于展示哪种类型的数据?（　　）

　　A．时间序列数据　　　　　　　　B．比例数据

  C．连续数据　　　　　　　　D．分类数据

2．环形图不同于饼图的是什么？（　　　）

  A．使用角度而非长度表示比例

  B．没有使用颜色来区分数据

  C．中间有一个"洞"

  D．无法表示多个数据集

3．堆叠柱形图主要用来展示什么？（　　　）

  A．数据的时间序列变化

  B．不同组之间的比较

  C．各部分之间的比例关系

  D．数据的分布情况

4．和弦图用于展示什么？（　　　）

  A．单个数据集的分布

  B．多个变量之间的相关性

  C．多个项目之间的关系

  D．数据随时间的变化

二、判断题

1．饼图适用于展示精确的数据比例。（　　　）

2．环形图不能用于表示多个样本之间的比例关系。（　　　）

3．堆叠柱形图不能用于展示时间序列数据的比例变化。（　　　）

4．矩形树图可用于清晰地展示大量品类的分析数据。（　　　）

5．旭日图适用于展示复杂的层次数据。（　　　）

三、填空题

1．堆叠柱形图的主要优势在于能够展示_____的变化。

2．_____图通过矩形的大小来表示数据的层次关系和比例。

3．和弦图常用于展示_____之间的关系和交互模式。

四、问答题

1．描述饼图在数据可视化中的用途和限制。

2．环形图与饼图在视觉表现上有什么不同？环形图的优势是什么？

3．说明堆叠柱形图在比例数据可视化中的作用。

4．矩形树图在表示数据时有什么独特之处？

5．和弦图如何表示数据间的复杂关系？

五、应用题

1．设计一个场景，说明如何使用饼图和环形图来分析市场份额数据。

2．假设有某公司多个年份的收入数据，如何使用堆叠柱形图和旭日图来展示公司每年收入中不同产品的收入比例变化？

6.5　实训：使用Pyecharts构建数据大屏

本实训将使用Python的Pyecharts来创建数据大屏，以满足数据展示和分析的需求。Pyecharts支持构建丰富的交互式图表。

6.5.1　需求说明

在Python环境中使用Pyecharts创建一个数据大屏，该数据大屏应包含多种类型的图表，如柱形图、饼图、散点图等。

6.5.2　实现思路及步骤

（1）环境准备：确保Python环境已正确配置，并已安装Pyecharts。

（2）图表创建：学习如何使用Pyecharts创建基本的图表，并掌握创建方法。开始时，可以使用random等模块来随机创建模拟数据，之后可以利用各种接口来实现各种数据的可视化。

（3）数据大屏集成：将创建的多种图表按照逻辑和美观的布局集成到一个数据大屏中。可以使用Pyecharts中的Grid、Tab或Page等布局类来组织图表，以简化数据大屏的布局设计。

（4）样式和主题应用：探索并应用Pyecharts的不同主题，观察这些主题对数据大屏外观的影响。可以尝试调整图表的样式选项，如颜色、字体大小和图表元素的布局，以增强数据大屏的视觉效果。

## 第 7 章

Python文本数据可视化

在当今信息爆炸的时代，文本数据的体量和影响力正以前所未有的速度增长。从社交媒体中的推文到学术论文、新闻报道，文本数据已成为人们日常生活中不可或缺的一部分。这些数据不仅蕴含着丰富的信息，也能揭示人类行为的模式、社会趋势和文化现象。然而，文本数据的非结构化特性使分析和理解文本数据变得复杂且具有挑战性。

本章将深入探讨文本数据的应用及如何通过可视化技术对其进行有效提取和展示。

学习目标

- 了解文本数据的应用和文本数据的提取方法。
- 掌握文本内容的可视化方法。
- 掌握文本关系及其可视化方法。

7.1 文本数据的应用及文本数据的提取

7.1.1 文本数据的应用

从文字出现以来，人类社会就在不断地积累文本信息，计算机时代到来之前，这些文本信息基本都记录在纸上。随着计算机的发明和普及，越来越多的文本信息被数字化。以前能占满一座图书馆的文本信息，现在可以轻松存储在一小块硬盘里。

除了这些历史积累的文本信息外，互联网上每天还会生成海量文本信息。互联网的出现实际上为人类提供了一个新的活动维度，微信、微博等社交软件应运而生，每个用户都可以创作并发布文本信息，这些文本信息被称为"用户生成内容"（User Generated Content，UGC）。作为文本信息的重要载体，文本数据也随着互联网的发展而实现体量的快速增长，其应用也越来越广泛。

从人文研究到政府决策，从精准医疗到量化金融，从客户管理到市场营销，这些海量的文本数据作为最重要的信息载体之一，发挥着重要作用。能够从文本数据中充分地提取信息的当然是创造和使用文本的人类，但是单凭人力又难以处理庞杂的文本数据，因此使用大数据和可视化技术来理解文本数据、提炼信息一直是业界研究的热点。

大数据中的文本数据可视化的基本流程如图7-1所示。

图7-1　文本数据可视化的基本流程

文本数据可大致分为3种：单个文本、文档集合和时序文本数据。对应的文本数据可视化可分为：文本内容的可视化、文本关系的可视化、文本多层面信息的可视化。文本内容的可视化是对文本内的关键信息进行分析后展示；文本关系的可视化既可以对单个文本进行内部的关系展示，也可以对多个文本进行文本之间的关系展示；文本多层面信息的可视化是结合文本的多个特征进行全方位的展示。

7.1.2　使用网络爬虫提取文本数据

社交软件每天都有大量用户生成内容，比如用户发布的微博、微博的评论等。这些文本数据中蕴含的信息能够指导营销活动、政府政策等。社交软件的提供商可以直接从数据库中得到这些文本数据，但是他们并不一定会对公众开放这些数据库，此时网络爬虫技术就显得格外重要了。

网络爬虫（Web Crawler）是指一类能够自动访问网络并抓取某些信息的程序，有时也被称为"网络机器人"。它们最早被应用于互联网搜索引擎及各种门户网站的开发中，现在也是大数据和数据分析领域中的重要角色。网络爬虫可以按一定逻辑大量采集目标页面的内容，并对数据做进一步的处理，人们借此能够更好、更快地获得感兴趣的信息并使用这些信息完成很多有价值的工作。

严格地说，一个只处理单个静态页面的程序并不能称为"网络爬虫"，只能算是一种简单的网页抓取脚本。实际的网络爬虫所要面对的任务经常是根据某种抓取逻辑，重复遍历多个页面，甚至多个网站。在处理当前页面时，网络爬虫就应该确定下一个要访问的页面，下一个页面的地址有可能就在当前页面的某个元素中，也可能要通过特定的数据库读取（这取决于网络爬虫的爬取策略），通过从"爬取当前页"到"进入下一页"的循环，实现整个爬取过程。正是由于网络爬虫往往不会满足于单个页面的信息，网站管理者才会对网络爬虫如此忌惮——同一段时间内的大量访问可能会影响服务器运行。这提醒我们在用网络爬虫抓取数据时需要注意抓取频率，不要影响网站的正常运行，否则会被视为对目标网站的攻击行为。

　　大部分编程语言都可用于编写爬虫程序，也有部分商业软件提供爬虫服务。目前比较流行的是用Python编写爬虫程序，因为有大量的第三方库可以使用，如Request、urlib、Scrapy等。其中Scrapy提供了比较完善的爬虫框架，如图7-2所示，用来编写爬虫程序时可以省去很多步骤。

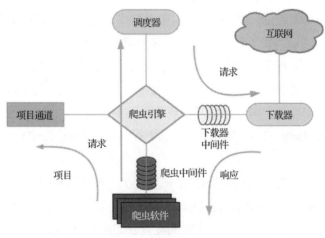

图7-2　Scrapy爬虫框架

7.2　文本内容的可视化

　　文本内容的可视化是将文本数据通过视觉元素表现出来的过程，它能够使数据分析师、研究人员或普通读者更加直观地理解文本信息。不同于传统的数值数据可视化，文本内容的可视化注重展示文本数据的特征、模式和趋势，这对于文本分析、主题识别和情感分析等至关重要。本节将介绍两种流行的文本内容的可视化技术：标签云和主题河流。这些技术可以帮助我们从不同角度理解文本数据，例如获取文本数据的整体概览，深入分析文本数据中的特定主题和趋势等。

7.2.1　标签云

　　如果一个词语在一个文本中的出现频率较高，那么这个词语可能就是这个文本的关键词。在实际应用时，还要考虑到这些词语是否在其他文本中也经常出现，某些词语在中文文本中很常见，但没有蕴含什么信息，应该在统计中被忽略。一般做法是构建一个停用词表，在分词阶段就将这些词语去除。除了构建停用词表外，还可以进一步采用TF-IDF（Term Frequency-Inverse Document Frequency，词频-逆文件频率）方法来衡量词语对表达文本信息的重要程度。其中，TF即词频，指词语在目标文本中的出现频率，计算公式为：TF=词语在目标文本中出现的次数÷目标文本总词数。IDF即逆文件频率，计算公式为：IDF=log(目标文本集合的文本总数÷(包含该词语的文本总数+1))。TF-IDF指标由TF和IDF相乘得到，该指标综合考虑了一个词语在目标文本和其他文本中出现的频率。从公式可以发现，一个词语在目标文本中的出现频率越高，在其他文本中的出现频率越低，其TF-IDF权重就越高，越能代表目标文本内容。

标签云，又称词云、文字云，是关键词的视觉化描述，用于汇总用户生成的标签或一个网站的文本内容。标签一般是独立的词语，常常按字母顺序排列，其重要程度能通过不同的字体大小或颜色来表现。标签云非常适合展示文本数据的关键词，帮助用户快速把握文本的主题和趋势。制作标签云主要分为以下两步。

（1）统计文本中词语的出现频率、TF-IDF等指标来衡量词语的重要程度，提取出权重较高的关键词。

（2）按照一定规律将这些词语展示出来，可以用不同的颜色、透明度、字体大小来区分关键词的重要程度，要遵循权重越高越能引起注意的原则。一般权重越高，字体越大，颜色越鲜艳，透明度越低。一个典型的标签云如图7-3所示。

在Python中，可以使用WordCloud来生成标签云，WordCloud可以根据提供的文本内容自动分词，提取标签并生成标签云，相关代码如下。

```
from wordcloud import WordCloud
import matplotlib.pyplot as plt

# 文本数据
text = "Python BigData Visual WordCloud Python BigData"

# 生成标签云
wordcloud = WordCloud(background_color="white", width=800, height=400).
generate(text)

# 展示标签云
plt.figure(figsize=(10, 5))
plt.imshow(wordcloud, interpolation='bilinear')
plt.axis("off")
plt.show()
```

生成的标签云如图7-4所示。

图7-3　一个典型的标签云

图7-4　使用WordCloud生成的标签云

7.2.2　主题河流

时序文本具有时间性和顺序性，比如，新闻会随着时间变化，小说的故事情节会随着时间变化，网络上对某一新闻事件的评论会随着真相的逐步揭露而变化。对具有明显时序信息的文本进行可视化时，需要在结果中体现这种变化。主题河流（Theme River）是由苏珊·阿夫尔（Susan Havre）等学者于2000年提出的一种时序数据可视化方法，主要用于反映文本主题强弱变化的过程。

经典的主题河流包括以下两个属性。

（1）颜色。颜色用于区分主题的类型，相同主题用相同颜色的河流表示。主题过多时，颜色可能无法满足需求，因为容易区分的颜色种类并不是很多。一个解决方法是将主题也进行分类，一种颜色表示某一大类主题。

（2）宽度。宽度表示主题的数量（或强度），河流的状态由主题决定，可能扩展、收缩或者保持不变。

图7-5所示为主题河流示例，横轴表示时间，不同颜色的河流表示不同的主题，河流的起伏表示主题的变化。在任意时间点，河流的垂直宽度表示主题的强弱。

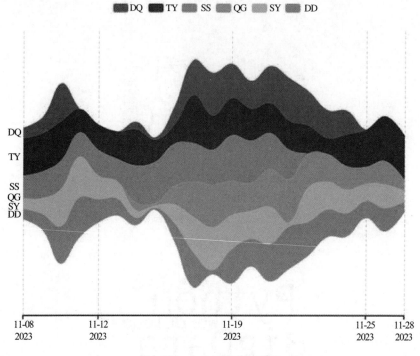

图7-5 主题河流示例

通过使用主题河流，就能获取时序文本整体的变化趋势。主题河流存在一定的局限性，每个时间刻度上的主题被概括为一个数值，省略了主题的特性，无法满足用户更进一步的信息需求。一个较好的解决方法是为主题引入标签云，每个主题用一组关键词描述，让用户更好地理解主题内容。使用Python中的HoloViews来绘制堆叠面积图，以达到主题河流的效果，相关代码如下。

```
import numpy as np
import holoviews as hv
from holoviews import opts
hv.extension('bokeh')
from bokeh.plotting import show
import pandas as pd

theme1=np.array([2, 63, 57, 55, 126, 221, 244, 253, 254, 265, 366, 267,
320, 311])
```

```
theme2=np.array([12, 33, 47, 15, 126, 121, 144, 233, 154, 145, 156, 267,
110, 130])
theme3=np.array([22, 43, 10, 25, 26, 101, 114, 103, 134, 115, 101, 127,
139, 160])


dims = dict(kdims='time', vdims='v')
theme1 = hv.Area(theme1, label='主题1', **dims)
theme2 = hv.Area(theme2, label='主题2', **dims)
theme3 = hv.Area(theme3, label='主题3', **dims)


# 使用HoloViews创建堆叠面积图
opts.defaults(opts.Area(fill_alpha=1))
overlay = (theme1 * theme2 * theme3)
overlay.relabel("Area Chart") + hv.Area.stack(overlay).relabel("")


show(hv.render(overlay))
```

代码运行结果如图7-6所示。

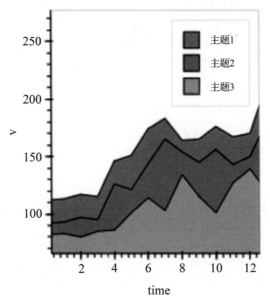

图7-6　使用HoloViews生成的主题河流

7.3　文本关系的可视化

文本关系包括文本内或者文本间的关系，以及文本集合之间的关系，文本关系的可视化的目的就是呈现这些关系。文本内的关系有词语的前后关系；文本间的关系有网页之间的超链接关系，文本之间内容的相似性，文本之间的引用等；文本集合之间的关系是指文本集合之间内容的层次性或关联性等关系。

7.3.1　词语树

词语树（Word Tree）使用树形图展示词语在文本中的出现情况，可以直观地呈现出一个词语及其前后的词语。用户可将感兴趣的词语作为中心节点。中心节点向前扩展，就是文本中处于该词语前面的词语；中心节点向后扩展，就是文本中处于该词语后面的词语。字体大小代表了词语在文本中出现的频率。词语树示例如图7-7所示，图中采用了词语树的方法来呈现一个文本中child这个单词以及与其相连的其他单词。

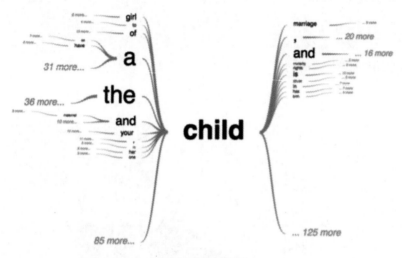

图7-7　词语树示例

使用Python中常见的库无法直接绘制这种图形，可以使用graphviz来绘制词语树，相关代码如下。

```
from graphviz import Digraph
import nltk  # 用于给输入的文本分词，也可以使用jieba等分词工具
nltk.download('punkt')
from nltk.tokenize import word_tokenize

# 示例文本数据
text = "Python is a high-level programming language. Python can be used for
web development. Python is great for data analysis."
```

```
# 选择根关键词
root_word = "Python"

# 分词并构建词语路径
sentences = nltk.sent_tokenize(text)
paths = []
for sentence in sentences:
    words = word_tokenize(sentence)
    if root_word in words:
        root_index = words.index(root_word)
        path = words[root_index:root_index+3]  # 仅示例，选择关键词后的两个词语
构建路径
        paths.append(path)

# 绘制词语树
dot = Digraph()
dot.node(root_word, root_word)

for path in paths:
    prev_word = root_word
    for word in path[1:]:
        dot.node(word, word)
        dot.edge(prev_word, word)
        prev_word = word

# 显示词语树
dot.render('wordtree', format='png', cleanup=True)
```

生成的词语树如图7-8所示。

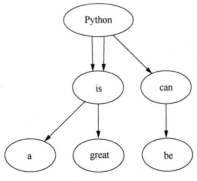

图7-8　使用graphviz生成的词语树

7.3.2　短语网络

短语网络（Phrase Network）是一种网络图，它将文本中的词语或短语作为节点，词语或短语之间的关系作为边。使用这种类型的网络图可以分析和可视化文本数据中短语的共现关系、相互作用或者语义连接，从而对文本结构和主题进行深入理解。

短语网络包括以下两种属性。

（1）节点，代表一个词语或短语。

（2）带箭头的连线，表示节点与节点之间的关系，这个关系需要用户定义。比如"A is B"，其中的is用连线表示，A和B是is前后的节点，A在is前面，B在is后面，那么箭头就由A指向B。连线越宽，就说明这个短语在文本中出现的频率越高。

短语网络示例如图7-9所示，图中使用短语网络对某文本中的短语关系进行可视化。

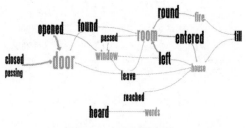

图7-9　短语网络示例

使用Python的Matplotlib和NetworkX来构建一个短语网络，相关代码如下。

```
import networkx as nx
import matplotlib.pyplot as plt

# 设置中文字体，防止乱码
plt.rcParams["font.sans-serif"]=["SimHei"]
# 设置正常显示负号
plt.rcParams["axes.unicode_minus"]=False

# 示例文本
text = "Python在科学计算中被广泛使用。Python可以用来开发网络应用。网络开发和科学计算
是热门领域。"

# 关键短语
phrases = ["Python", "科学计算", "网络应用", "网络开发", "热门领域"]

# 短语之间的关系
relationships = [
    ("Python", "科学计算"),
```

```
    ("Python", "网络应用"),
    ("网络应用", "网络开发"),
    ("科学计算", "热门领域"),
    ("网络开发", "热门领域")
]

# 创建有向图
G = nx.DiGraph()

# 添加节点
for phrase in phrases:
    G.add_node(phrase)

# 添加边
for src, dst in relationships:
    G.add_edge(src, dst)

# 绘制短语网络
plt.figure(figsize=(10, 6))
pos = nx.spring_layout(G, seed=42)  # 使用spring_layout布局算法
nx.draw(G, pos, with_labels=True, node_size=2000, node_color="lightblue",
font_size=10, font_weight="bold", edge_color="gray")
plt.title("短语网络")
plt.show()
```

生成的短语网络如图7-10所示。

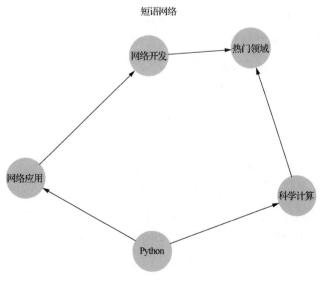

图7-10　使用Matplotlib和NetworkX生成的短语网络

7.4 思考与练习

一、选择题

1. 文本数据可视化中，用于展示关键词频率的可视化技术是什么？（   ）
   A. 主题河流　　　　　　　　B. 标签云
   C. 短语网络　　　　　　　　D. 词语树
2. 网络爬虫在数据分析中的作用是什么？（   ）
   A. 数据清洗　　　　　　　　B. 数据采集
   C. 数据可视化　　　　　　　D. 数据存储
3. 主题河流主要用于展示什么类型的数据？（   ）
   A. 层次数据　　　　　　　　B. 时序文本数据
   C. 分类数据　　　　　　　　D. 连续数据
4. 下列哪个不能用于文本关系的可视化？（   ）
   A. 标签云　　　　　　　　　B. 词语树
   C. 短语网络　　　　　　　　D. 堆叠面积图
5. TF-IDF方法用于衡量什么？（   ）
   A. 文本的存储大小
   B. 词语在文本中的出现频率
   C. 文本的阅读难度
   D. 词语对表达文本信息的重要程度

二、判断题

1. 标签云适用于展示文本数据中的关键信息。（   ）
2. 网络爬虫只能用于互联网搜索引擎的开发。（   ）
3. 主题河流无法展示文本主题随时间变化的趋势。（   ）
4. 词语树可以用于展示词语的前后关系。（   ）
5. 短语网络主要用于展示文本的存储技术。（   ）

三、填空题

1. 对文本内的关键信息进行分析后展示的技术称为＿＿＿＿。
2. 使用＿＿＿＿技术可以大量采集目标页面内容。
3. ＿＿＿＿是通过视觉元素表现文本数据的过程。
4. ＿＿＿＿使用树形图展示词语在文本中的出现情况。
5. ＿＿＿＿通过节点和边展示文本中短语的共现关系。

四、问答题

1．描述网络爬虫的基本功能和应用领域。

2．解释TF-IDF的含义及其作用。

3．说明标签云在文本内容的可视化中的应用及其优势。

4．主题河流是什么？它如何展示时序文本数据？

5．词语树和短语网络分别适用于哪些文本关系的可视化场景？

五、应用题

1．设计一个使用词云技术的项目，目的是分析社交媒体上的热门话题。

2．提出一个场景，使用主题河流来分析和展示新闻主题随时间变化的强度。

7.5　实训：使用HoloViews构建数据大屏

本实训将使用Python的HoloViews来构建数据大屏。HoloViews是一个高级的数据可视化库，它旨在简化数据的探索过程，允许用户通过极少的代码创建丰富且可交互的图表。使用HoloViews可以轻松地将多种图表集成到一个数据大屏中，从而提供一个综合视图来展示和分析数据。

7.5.1　需求说明

利用Python环境和HoloViews创建一个数据大屏，该大屏应包含多种交互式图表，如动态地图、折线图、柱形图、热度图等。

7.5.2　实现思路及步骤

（1）环境准备：确保Python环境已正确配置，并已安装HoloViews及其依赖库。新建项目，并导入HoloViews以及其他可能需要的数据处理库（如Pandas或NumPy）。

（2）数据绑定与图表创建：准备和加载数据集，可以是CSV文件、JSON文件中的数据或直接从数据库中读取的数据，也可以使用之前实训中所用到的数据。根据对数据大屏的理解，使用HoloViews创建不同类型的图表，理解如何将数据绑定到图表元素上。

（3）图表美化与主题应用：探索HoloViews的样式选项，了解如何自定义图表的颜色、字体、标签等样式属性。应用HoloViews支持的主题，调整数据大屏的整体视觉风格。

（4）布局配置与交互式控件集成：使用HoloViews的布局功能将创建的图表组织成

一个统一的数据大屏。集成交互式控件（如滑块、选择框等），以提供动态的数据筛选和图表更新功能。

（5）展示与分享：将数据大屏渲染为HTML文件或直接在Jupyter Notebook中展示。如果有兴趣，可以探索如何分享和部署数据大屏，使其可以在Web服务器上访问并部署到真正的大屏幕上。

第 **8** 章

Python复杂数据可视化

目前，真实世界与虚拟世界越来越密不可分。《2023年V1全球大数据支出指南》中的预测数据显示，与全球总规模相比，中国大数据市场在五年预测期内占比持续增加，有望在2026年接近全球总规模的8%。随着数字中国、数据要素、大数据等新一轮政策发布和重大工程落地，以及各行业领域在完成基础信息化建设后面临数据价值挖掘的需求，我国大数据市场迎来新的爆发阶段。

国际数据公司（International Data Corporation，IDC）观测到，大数据厂商积极布局底层计算存储、数据中台、大数据分析平台等业务，尤其聚焦金融、能源、制造等行业，客户也正在进行新一轮投入。

如此庞大的产业推动着移动互联网、物联网等领域信息的产生和流动，越来越多复杂且瞬息万变的数据被记录和研究，如视频影像数据、传感器网络数据、社交网络数据以及时空数据等。对此类具有高复杂度的高维多元数据进行分析是数据可视化面临的新挑战。

对高维多元数据进行分析的困难如下。

（1）数据复杂度大大增加。复杂数据包括非结构化数据和从多个数据源采集、整合而成的异构数据，传统单一的可视化方法无法支持对此类复杂数据的分析。

（2）数据的量级大大增加。复杂数据的量级已经超过了单机、外存模型，甚至小型计算集群的上限，需要采用全新思路来进行处理。

（3）在数据获取和处理过程中，不可避免地会产生数据质量的问题，其中特别需要关注的是数据的不确定性。

（4）数据快速动态变化，常以流式数据存在，而目前对流式数据的实时分析与可视化技术还存在一定问题。

面对以上困难，对二维和三维数据可以采用一种常规的可视化方法表示，将各属性的值映射到不同的坐标轴，并确定节点在坐标系中的位置，这样的可视化设计得到的就是之前介绍过的散点图。当维度超过三维后，就需要增加更多视觉编码（如颜色、大小、形状等）来表示其他维度的数据，图8-1所示的气泡图就采用颜色代表城市，气泡大小代表PM2.5浓度，颜色的明暗程度代表二氧化硫的浓度。视觉编码的增多会使可视化的效果变差，且能增加的表示维度有限，因此这种方法还是有局限性。

本章主要介绍高维多元数据在大数据中的应用以及三维数据的可视化方法。

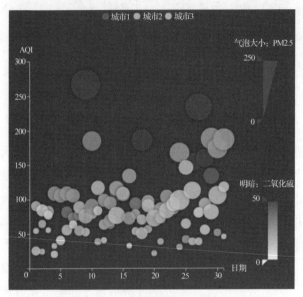

图8-1　三维以上的数据可视化示例

学习目标

- 了解高维多元数据的概念及其在大数据中的应用。
- 掌握三维数据可视化的方法。

8.1　高维多元数据在大数据中的应用

高维多元数据指每个数据对象都有两个或两个以上独立或者相关的属性的数据。高维指数据具有多个独立属性，多元指数据具有多个相关属性。若要科学、准确地描述高维多元数据，则需要数据同时具备独立性和相关性。在很多情况下，数据的独立性很难判断，所以一般简单地称这种难以判断独立性的数据为多元数据。例如，笔记本计算机的屏幕、中央处理器（Central Processing Unit，CPU）、内存、显卡等配置信息就是多元数据，每个数据都描述了笔记本计算机某一方面的属性。可视化技术常用于理解多元数据，进而辅助分析和决策。

8.1.1 空间映射法

1. 散点图

散点图就是一种空间映射方法,其本质是将抽象的数据对象映射到用二维坐标表示的空间。若处理的是高维多元数据,散点图的概念可理解为:在二维的平面空间中,采用不同的空间映射方法对高维多元数据进行布局,这些数据的关联以及数据自身的属性在不同位置得到了展示,而整个数据集在空间中的分布反映了各维度间的关系及数据集的整体特性。

前面介绍过散点图和散点图矩阵,散点图矩阵是散点图的扩展(见图8-2)。对于N维数据,采用N^2个散点图逐一表示N个变量两两之间的关系,这些散点图根据它们所表示的变量,沿横轴和纵轴按一定顺序排列,进而组成一个$N \times N$的矩阵。随着数据维度的不断扩展,所需散点图的数量将呈几何级数增长,而将过多的散点图显示在有限的屏幕空间中则会极大地降低可视化图表的可读性。因此,目前比较常见的方法是交互式地选取用户关注的变量数据进行分析和可视化。通过归纳散点图特征,优先显示较为重要的散点图,这样可以在一定程度上减少屏幕空间的局限性带来的影响。

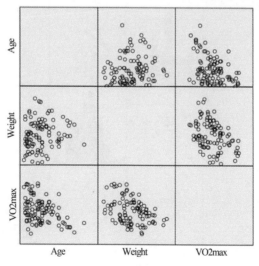

图8-2 散点图矩阵示例

Matplotlib提供了可以直接用于绘制散点图矩阵的函数,默认情况下,散点图矩阵的主对角线上是每个变量的直方图,而非主对角线上是变量之间的散点图。参考代码如下。

```
import matplotlib.pyplot as plt
import numpy as np
import pandas as pd
```

```
# 设置中文字体，防止乱码
plt.rcParams["font.sans-serif"]=["SimHei"]
# 设置正常显示负号
plt.rcParams["axes.unicode_minus"]=False

# 创建一些示例数据
np.random.seed(0)
data = pd.DataFrame(np.random.randn(100, 4), columns=['A', 'B', 'C', 'D'])

# 绘制散点图矩阵
scatter_matrix = pd.plotting.scatter_matrix(data, figsize=(8, 8))
plt.show()
```

生成的散点图矩阵如图8-3所示。

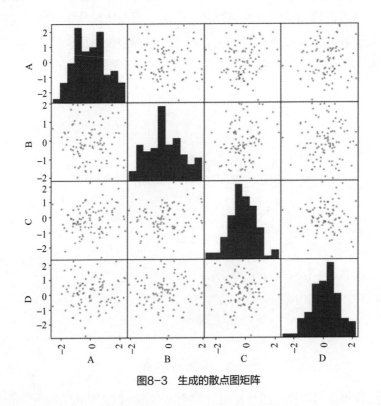

图8-3　生成的散点图矩阵

2. 平行坐标图

平行坐标图能够在二维空间中显示更高维度的数据，它以平行坐标替代垂直坐标，是一种重要的高维多元数据可视化分析工具。平行坐标图不仅可以揭示数据在每个属性上的分布，还可以描述相邻属性之间的关系。但是，平行坐标图很难同时表现多个维度间的关系，因为其坐标轴是顺序排列的，不适合表现非相邻属性之间的关系。选取部分感兴趣的数据对象并将其高亮显示，是一种常见的解决方法。另外，为了便于用户理解各数据维度间的关系，也可更改坐标轴的排列顺序。图8-4所示为平行坐标图示例。

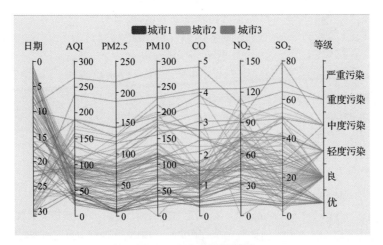

图8-4　平行坐标图示例

Pyecharts提供了十分便捷的直接生成平行坐标图的方法，在以下代码中，数据被组织成一个列表，其中每个子列表代表图表中的一组数据，包含8个元素，对应平行坐标图中的8个不同的维度。

```python
from pyecharts import options as opts
from pyecharts.charts import Parallel

data = [
    [1, 91, 45, 125, 0.82, 34, 23, "良"],
    [2, 65, 27, 78, 0.86, 45, 29, "良"],
    [3, 83, 60, 84, 1.09, 73, 27, "良"],
    [4, 109, 81, 121, 1.28, 68, 51, "轻度污染"],
    [5, 106, 77, 114, 1.07, 55, 51, "轻度污染"],
    [6, 109, 81, 121, 1.28, 68, 51, "轻度污染"],
    [7, 106, 77, 114, 1.07, 55, 51, "轻度污染"],
    [8, 89, 65, 78, 0.86, 51, 26, "良"],
    [9, 53, 33, 47, 0.64, 50, 17, "良"],
    [10, 80, 55, 80, 1.01, 75, 24, "良"],
    [11, 117, 81, 124, 1.03, 45, 24, "轻度污染"],
    [12, 99, 71, 142, 1.1, 62, 42, "良"],
    [13, 95, 69, 130, 1.28, 74, 50, "良"],
    [14, 116, 87, 131, 1.47, 84, 40, "轻度污染"],
]
p = (
```

```
Parallel()
.add_schema(
    [
        # 添加坐标轴，dim是坐标轴的索引，name是名称
        opts.ParallelAxisOpts(dim=0, name="日期"),
        opts.ParallelAxisOpts(dim=1, name="AQI"),
        opts.ParallelAxisOpts(dim=2, name="PM2.5"),
        opts.ParallelAxisOpts(dim=3, name="PM10"),
        opts.ParallelAxisOpts(dim=4, name="CO"),
        opts.ParallelAxisOpts(dim=5, name="NO₂"),
        opts.ParallelAxisOpts(dim=6, name="CO₂"),
        opts.ParallelAxisOpts(
            dim=7,
            name="等级",
            type_="category",  # 指定为类别轴，并用data指定类别数据
            data=["优", "良", "轻度污染", "中度污染", "重度污染", "严重污染"],
        ),
    ]
)
.add("介质", data)
.set_global_opts(title_opts=opts.TitleOpts(title="平行坐标图示例"))
.render("parallel_category.html")
)
```

生成的平行坐标图如图8-5所示。

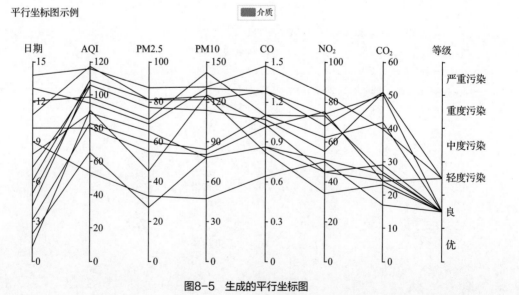

图8-5　生成的平行坐标图

3. 降维

当数据维度非常高（如超过50维）时，目前的各类可视化方法都无法将所有的数据细节清晰地呈现出来。在这种情况下，我们可通过线性/非线性变换将高维多元数据投影到或嵌入低维空间（通常为二维或三维空间），并保持数据在多元空间中的特征，这种方法被称为降维（Dimensionality Reduction）。降维后得到的数据即可用常规的可视化方法进行信息呈现。常用的降维方法包括主成分分析（Principal Component Analysis，PCA）、t-SNE（t-Distributed Stochastic Neighbor Embedding）等。

以下是利用Python生成一个将数据从100维降到二维的散点图的代码，使用了Scikit-learn中的PCA()函数。

```
import numpy as np
import matplotlib.pyplot as plt
from sklearn.datasets import make_classification
from sklearn.decomposition import PCA

# 设置中文字体，防止乱码
plt.rcParams["font.sans-serif"]=["SimHei"]
# 设置正常显示负号
plt.rcParams["axes.unicode_minus"]=False

# 创建一个100维、有1000个样本的数据集
X, _ = make_classification(n_samples=1000, n_features=100, n_classes=2,
random_state=42)

# 使用PCA()进行降维
pca = PCA(n_components=2)  # 降到二维
X_reduced = pca.fit_transform(X)

# 绘制降维后的散点图
plt.figure(figsize=(8, 6))
plt.scatter(X_reduced[:, 0], X_reduced[:, 1], c='b', alpha=0.5)
plt.title('利用 PCA 对高维多元数据进行二维投影')
plt.xlabel('Dim A')
plt.ylabel('Dim B')
plt.grid(True)
plt.show()
```

生成的降维散点图如图8-6所示。

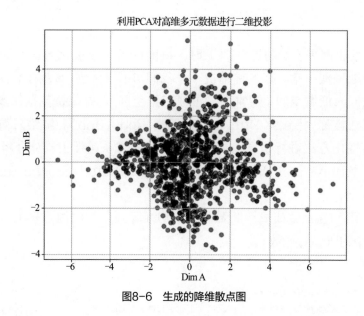

图8-6　生成的降维散点图

8.1.2　图标法

图标法的典型代表是星形图，也称雷达图（Radar Chart）。星形图可以看成平行坐标图的极坐标形式，数据对象的各属性值与各属性最大值的比例决定了每个坐标轴上点的位置，将这些坐标轴上的点依次连接围成一个星形区域，其大小和形状则反映了数据对象的属性。图8-7所示为星形图示例。

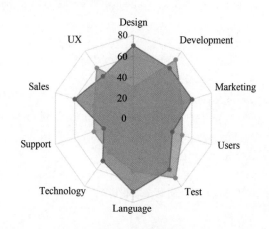

图8-7　星形图示例

我们可以很轻松地使用Pyecharts提供的功能生成星形图，具体代码如下。

```
from pyecharts import options as opts
from pyecharts.charts import Radar
```

```
# 定义指标名称
indicator_data = [
    {"name": "攻击力", "max": 100},
    {"name": "防御力", "max": 100},
    {"name": "生命值", "max": 100},
    {"name": "速度", "max": 100},
    {"name": "魔法值", "max": 100},
]

# 定义数据
data = [[70, 80, 85, 90, 95]]  # 示例数据，分别表示攻击力、防御力、生命值、速度、魔法值

# 绘制星形图
radar = (
    Radar()
    .add_schema(indicator_data)
    .add("英雄属性", data)
    .set_series_opts(label_opts=opts.LabelOpts(is_show=False))
    .set_global_opts(title_opts=opts.TitleOpts(title="英雄属性星形图"))
)

# 生成 HTML 文件
radar.render("radar_chart.html")
```

生成的星形图如图8-8所示。

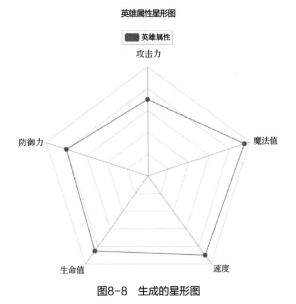

图8-8 生成的星形图

8.2 三维数据可视化

本节将介绍如何利用Python中的可视化工具来呈现三维数据。三维数据可视化是一种强大的技术，可以帮助我们理解和分析复杂的数据集，尤其是那些具有多个特征的数据集。

三维数据通常由3个维度的值组成，例如空间中的x、y和z坐标。通过可视化这些数据，我们可以更直观地观察数据之间的关系和数据的变化趋势。

8.2.1 三维曲面图

三维曲面图是一种常用的三维数据可视化方法，用于展示具有两个自变量和一个因变量的数据关系。在三维曲面图中，节点被投影到三维空间中的曲面上，通过观察曲面的形状和变化趋势，我们可以更直观地理解数据之间的关系。例如，在工程领域中，三维曲面图可以用来展示某个零件的几何形状；在经济学领域中，三维曲面图可以用来展示某个国家（或地区）的GDP、人均收入和消费水平之间的关系。一个典型的三维曲面图示例如图8-9所示。

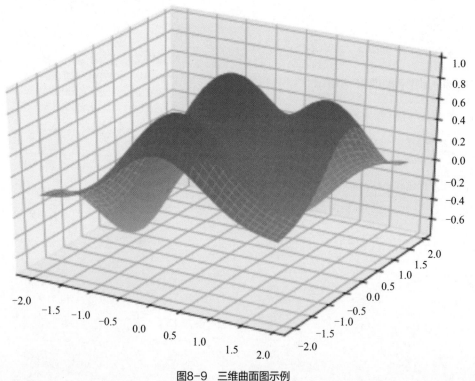

图8-9 三维曲面图示例

在Python中，一些数据可视化库（如Matplotlib和Plotly）支持生成三维曲面图。这些库提供了丰富的API，允许用户定制图表的各种属性，如曲面的颜色、样式、精度，以及图表的标题、坐标轴标签等。下面将创建一个三维曲面图，显示函数 $z = \sin\left(\sqrt{x^2 + y^2}\right)$ 的图形，相关代码如下。

```python
import matplotlib.pyplot as plt
import numpy as np

# 设置中文字体，防止乱码
plt.rcParams["font.sans-serif"]=["SimHei"]
# 设置正常显示负号
plt.rcParams["axes.unicode_minus"]=False

# 生成数据
# 生成从-5到5的100个间隔均匀的点，用于定义x坐标和y坐标
x = np.linspace(-5, 5, 100)
y = np.linspace(-5, 5, 100)
# 接收两个一维数组，并产生两个二维矩阵，分别对应两个一维数组中所有的 (x,y)
X, Y = np.meshgrid(x, y)
# 构造矩阵z=sin(sqrt(x^2+y^2))
Z = np.sin(np.sqrt(X**2 + Y**2))

# 生成图表
fig = plt.figure()
ax = plt.axes(projection='3d')

# 绘制三维曲面图
ax.plot_surface(X, Y, Z, cmap='viridis')  # cmap用于设置颜色映射

# 设置图表标题和坐标轴标签
ax.set_title('三维曲面图')
ax.set_xlabel('X')
ax.set_ylabel('Y')
ax.set_zlabel('Z')

plt.show()
```

生成的三维曲面图如图8-10所示。

使用Matplotlib生成的三维曲面图具有可交互的优点，我们可以使用鼠标拖动或者缩放三维曲面图，从而从各个角度直观地观察数据的分布情况。

三维曲面图

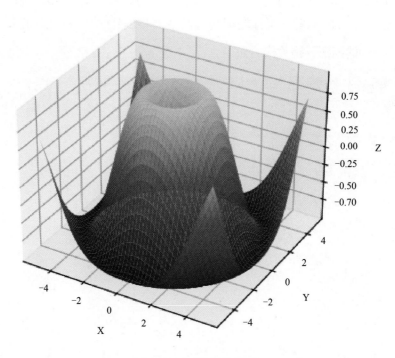

图8-10　生成的三维曲面图

8.2.2　三维等高线图

三维等高线图是一种用于展示三维数据在二维平面上的投影的图表。这种图表通过等高线（也称为等值线或轮廓线）来表示三维表面上具有相同值的点。三维等高线图通常用于地理信息系统、气象学、工程及科学研究中，可以展现地形、温度、压力场、高度、深度等多种数据的分布情况。在三维等高线图中，等高线之间的距离可以表示变量值的变化：等高线较近表示变化陡峭，较远表示变化平缓。此外，在三维等高线图中可使用不同的颜色或阴影来进一步增强视觉效果，表示不同的高度或深度层次。

三维等高线图中的每个数据点都有对应的x、y和z坐标（表示高度或深度）。通过这些数据点，可以描绘出等高线，从而形成三维效果。一个典型的三维等高线图示例如图8-11所示。

我们可以使用Matplotlib简单地生成一个三维等高线图。以下是使用Matplotlib生成函数$z = \sin\left(\sqrt{x^2 + y^2}\right)$的三维等高线图的示例代码。

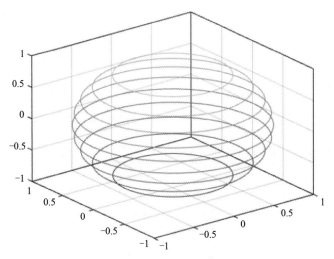

图8-11　三维等高线图示例

```python
import matplotlib.pyplot as plt
import numpy as np

# 设置中文字体，防止乱码
plt.rcParams["font.sans-serif"]=["SimHei"]
# 设置正常显示负号
plt.rcParams["axes.unicode_minus"]=False

# 生成数据
# 生成从-5到5的100个间隔均匀的点，用于定义x坐标和y坐标
x = np.linspace(-5, 5, 100)
y = np.linspace(-5, 5, 100)
# 接收两个一维数组，并产生两个二维矩阵，分别对应两个一维数组中所有的 (x,y)
X, Y = np.meshgrid(x, y)
# 构造矩阵z=sin(sqrt(x^2+y^2))
Z = np.sin(np.sqrt(X**2 + Y**2))

# 生成图表
fig = plt.figure()
ax = plt.axes(projection='3d')

# 绘制三维等高线图
ax.contour3D(X, Y, Z, 50, cmap='viridis') # 50表示等高线的数量，cmap用于设置颜
色映射

# 设置图表标题和坐标轴标签
```

```
ax.set_title('三维等高线图')
ax.set_xlabel('X')
ax.set_ylabel('Y')
ax.set_zlabel('Z')

plt.show()
```

生成的三维等高线图如图8-12所示。

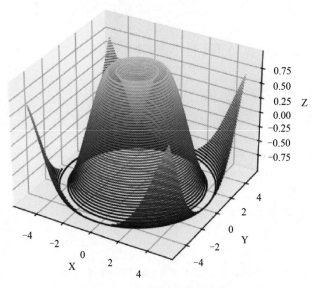

图8-12　生成的三维等高线图

8.3　思考与练习

一、选择题

1. 什么是高维多元数据的典型特征？（　　）

   A. 数据对象只有一个属性　　　　　B. 数据对象具有多个独立属性

   C. 数据对象不具有相关属性　　　　D. 数据仅适用于二维可视化

2. 对高维多元数据进行分析时的困难不包括以下哪一项？（　　）

   A. 数据复杂度增加　　　　　　　　B. 数据量级增加

   C. 数据的不确定性　　　　　　　　D. 数据可视化方法过于简单

3. 散点图矩阵主要用于展示什么?(　　　)

    A. 单个变量的分布　　　　　　　　B. 两个变量之间的关系

    C. 多个变量之间的关系　　　　　　D. 时间序列数据

4. 平行坐标图的主要用途是什么?(　　　)

    A. 显示数据的地理分布

    B. 描述数据随时间的变化

    C. 揭示高维多元数据属性的分布和相互关系

    D. 对二维数据分类

5. 以下哪种方法不是常用的降维方法?(　　　)

    A. PCA　　　　　　　　　　　　　B. t-SNE

    C. 线性变换　　　　　　　　　　　D. 散点图

二、判断题

1. 高维多元数据的可视化仅限于三维空间的表达。(　　　)

2. 散点图矩阵能够有效地表示高维多元数据的所有细节。(　　　)

3. 平行坐标图适用于揭示高维多元数据间非相邻属性的关系。(　　　)

4. 降维技术可以用于将高维多元数据转换为低维空间的数据,以便进行可视化。(　　　)

5. 星形图无法表示高维多元数据对象的属性。(　　　)

三、填空题

1. 高维多元数据指每个数据对象都有_____个以上独立或者相关的属性的数据。

2. 平行坐标图通过改变_____的排列顺序来帮助用户理解各数据维度间的关系。

3. 降维就是通过_____变换将高维多元数据投影到或嵌入低维空间。

4. 星形图的形状和大小可反映数据对象的_____。

四、问答题

1. 高维多元数据在大数据分析中的作用是什么?

2. 复杂数据可视化面临的挑战主要有哪些?

3. 描述散点图矩阵的作用及其限制。

4. 平行坐标图如何用于分析高维多元数据?

5. 降维技术在数据可视化中的作用是什么?

五、应用题

1. 设计一个散点图矩阵,分析高维股市数据。

2. 设计一个平行坐标图,分析多个城市的空气质量数据。

8.4 实训：使用Pyecharts构建可交互图表

本实训将使用Pyecharts构建可交互图表。Pyecharts提供了丰富的图表类型和易于使用的接口，使动态数据可视化变得简单而高效，同时提供了丰富的可交互功能。

8.4.1 需求说明

使用Pyecharts在Python环境中创建多种类型的图表，如三维曲面图、三维等高线图、散点图、热度图等，并为其添加可交互的内容。

8.4.2 实现思路及步骤

（1）环境准备：确保Python环境已正确配置，并已安装Pyecharts。了解Pyecharts支持的图表类型和基础概念。

（2）数据准备与处理：选择或创建适合可视化的数据集，使用Python进行数据预处理，确保数据格式满足所选图表类型的可视化需求。

（3）创建基本图表：使用Pyecharts创建不同类型的基本图表，设置图表的主要属性，如标题、图例、坐标轴标签、工具箱等。

（4）增强图表互动性：探索Pyecharts的互动功能，如标签在鼠标指针悬停其上时显示、图表的缩放和拖动、三维图表的互动、数据项的选择等，增强用户的交互体验。

（5）发布与分享图表：将创建的图表嵌入Web页面中，或者导出为图片或PDF文件，以便在报告和演示文稿中使用。

第三篇

综合数据可视化案例

第**9**章

案例：医疗花费预测

本案例数据来源于DataFountain。本案例将根据一个人的年龄、性别、体重指数（Body Mass Index，BMI）、子女个数、是否吸烟和生活地区，预测这个人的医疗花费。

本案例主要演示使用Python的Scikit-learn进行数据分析的方法。Scikit-learn提供了大量机器学习的常用工具，本案例将使用其中的DBSCAN（Density-Based Spatial Clustering of Application with Noise，具有噪声的基于密度的空间聚类应用）算法、支持向量机分类算法和线性回归算法，对数据进行处理和预测，从而得到较为可靠的结果。

9.1 数据读取

本案例的数据集是一个CSV文件。使用Python的Pandas读取CSV文件，得到一个DataFrame类型的对象。通过调用该对象的head()函数，可以得到文件中的前几条数据，便于对数据进行观察。代码如下。

```
import pandas as pd

train = pd.read_csv("train.csv")
train.head(5)
```

代码运行结果如图9-1所示。

	age	sex	bmi	children	smoker	region	charges
0	19	female	27.900	0	yes	southwest	16884.92400
1	18	male	33.770	1	no	southeast	1725.55230
2	28	male	33.000	3	no	southeast	4449.46200
3	33	male	22.705	0	no	northwest	21984.47061
4	32	male	28.880	0	no	northwest	3866.85520

图9-1 医疗花费预测结果1

在图9-1中，age和children的数据类型是整数类型，bmi和charges的数据类型是浮点数类型，sex、smoker和region的数据类型是字符串类型。

9.2 数据预处理

9.2.1 字符串的转换

为了便于之后的一系列分析，首先需要将无法参与计算的字符串变为整数。

sklearn.preprocessing包提供了方便的编码器，可以直接将这些字符串编码为相应的整数，如表9-1所示。

表9-1 sklearn.preprocessing包提供的编码器

名称	描述
OrdinalEncoder	对二维数组对象进行序数编码的编码器
OneHotEncoder	对二维数组对象进行独热编码的编码器
LabelEncoder	对一维数组对象进行序数编码的编码器

若要对sex、smoker和region进行序数编码，需要使用OrdinalEncoder。相关代码如下。

```
from sklearn.preprocessing import OrdinalEncoder
import numpy as np


encoder = OrdinalEncoder(dtype=np.int)
train[['sex', 'smoker', 'region']] = \
encoder.fit_transform(train[['sex', 'smoker', 'region']])
train.head(5)
```

代码运行结果如图9-2所示。

	age	sex	bmi	children	smoker	region	charges
0	46	1	38.170	2	0	2	13991.2296
1	50	1	27.455	1	0	0	14903.6078
2	41	1	23.490	1	0	0	11314.7455
3	56	0	25.650	0	0	1	17043.5022
4	39	0	41.800	0	0	2	10923.7187

图9-2　医疗花费预测结果2

在上述代码中，需要指定dtype参数为np.int。如果不指定该参数，编码器会将这些字符串编码为浮点数。指定该参数后，这些数据会被编码为整数。

9.2.2　数据的分布和映射

完成字符串的转换后，对其余数据进行观察，发现age、bmi和charges属于连续数据，而children是离散数据。使用Seaborn对连续数据的分布进行可视化，代码如下。

```
import seaborn
seaborn.distplot(train['charges'])
```

使用distplot()函数对数据中的charges进行可视化，结果如图9-3所示。

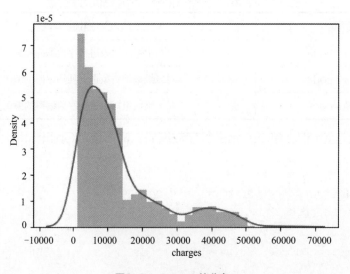

图9-3　charges的分布

可以看出charges近似服从对数正态分布，因此对charges取对数，再次进行可视化。charges的对数、age和bmi的可视化结果如图9-4所示。

130

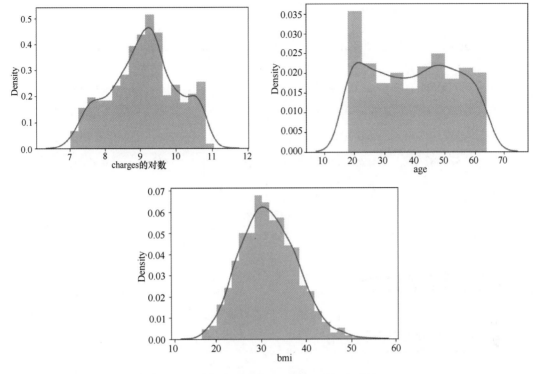

图9-4 charges的对数、age和bmi的可视化结果

其中，age近似服从均匀分布，应使用最大-最小标准化的方法，将age的取值映射到区间[0，1]；而charges的对数和bmi近似服从正态分布，应使用Z-Score标准化的方法，将取值映射到标准正态分布。sklearn.preprocessing包提供的标准化工具如表9-2所示。

表9-2 sklearn.preprocessing包提供的标准化工具

名称	描述
MinMaxScaler	对二维数组对象进行最大-最小标准化
StandardScaler	对二维数组对象进行Z-Score标准化

相关代码如下。

```
from sklearn.preprocessing import MinMaxScaler, StandardScaler

min_max_scaler = MinMaxScaler()
zscore_scaler = StandardScaler()
train['charges'] = np.log(train['charges'])
train[['age']] = min_max_scaler.fit_transform(train[['age']])
train[['bmi', 'charges']] = \
zscore_scaler.fit_transform(train[['bmi', 'charges']])
train.head(5)
```

代码运行结果如图9-5所示。

	age	sex	bmi	children	smoker	region	charges
0	0.021739	0	−0.474040	0	1	3	0.694896
1	0.000000	1	0.491162	1	0	2	−1.777032
2	0.217391	1	0.364551	3	0	2	−0.750452
3	0.326087	1	−1.328252	0	0	1	0.980918
4	0.304348	1	−0.312899	0	0	1	−0.902549

图9-5　医疗花费预测结果3

9.3　数据分析

9.3.1　协方差矩阵和热度图

通过样本的协方差矩阵，可以初步观察样本属性和预测目标charges的关系。使用热度图可以方便地观察协方差矩阵的取值。相关代码如下，代码运行结果如图9-6所示。

```
seaborn.heatmap(train.corr())
```

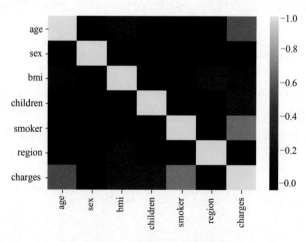

图9-6　协方差矩阵的热度图

在图9-6中，颜色越浅表示数值越大（即表示预测目标charges与样本属性的相关性较强），颜色越深表示数值越小（即表示预测目标charges与样本属性的相关性较弱），颜色和数值的对照关系位于图的右侧。从该热度图可知，charges和age、smoker的相关性较强，而其他的属性和charges的相关性较弱。

9.3.2 DBSCAN算法

使用Matplotlib绘制所有样本中的连续数据age、bmi和charges的图表。相关代码如下，代码运行结果如图9-7所示。

```python
import matplotlib.pyplot as plt


def graph3d(data, x, y, z):
    ax = plt.figure().add_subplot(111, projection='3d')
    ax.scatter(data[x], data[y], data[z], s=10, c='r', marker='.')
    ax.set_xlabel(x)
    ax.set_ylabel(y)
    ax.set_zlabel(z)
plt.show()


graph3d(train, 'age', 'bmi', 'charges')
```

在图9-7中观察数据在空间中的分布，可以发现数据大致分布于3个曲面。当数据具有明显的分层时，适合使用DBSCAN算法对数据进行分类，从而分别对不同类别的样本进行分析。

Python的Scikit-learn提供的一系列机器学习工具中就包含DBSCAN算法。DBSCAN算法指定一个半径ε和一个阈值M，将空间中

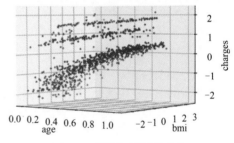

图9-7 数据在空间中的分布

的点分成3种：核心点，指在半径ε范围内含有超过M个相邻点的点；边界点，指非核心点，但在核心点半径ε范围内的点；其余的点称为噪声点。

在遍历整个样本集的过程中，首先根据一个点在半径ε范围内的其他点的数量判断其是否为核心点。若是核心点，就将半径ε范围内的其他点和该点标记为同一类，并再次判断每个周围的点是否为核心点。持续该过程，直到每个点都被遍历过。此时，未被分类的点就是噪声点。

DBSCAN算法需要对半径ε和阈值M进行调参。在本案例中，由于需要将样本分为3类，因此调整ε为0.45、M为10。相关代码如下。

```python
import sklearn.cluster as cluster


def dbscan(data, features=None):
    clusterer = cluster.DBSCAN(eps=0.45, min_samples=10)
    x = data
    if (features):
```

```
        x = data[features]
    y = clusterer.fit_predict(x.values)
    data["type"] = y
return data


train1 = train[["age", "bmi", "charges"]].copy(deep=True)
# 由于分布较为接近，增加一个权重，将层间距离拉长
train1["charges"] *= 3


train["type"] = dbscan(train1)["type"]
train["type"].unique()
array([ 0, -1, 1, 2], dtype=int64)
```

聚类的结果可以使用Matplotlib进行观察。相关代码如下，代码运行结果如图9-8所示。

```
def graph3dc(train, x, y, z, type_name="type"):
    ax = plt.figure().add_subplot(111, projection = '3d')
    data = train[train[type_name] == 0]
    ax.scatter(data[x], data[y], data[z], s=10, c='r', marker='.')
    data = train[train[type_name] == 1]
    ax.scatter(data[x], data[y], data[z], s=10, c='g', marker='.')
    data = train[train[type_name] == 2]
    ax.scatter(data[x], data[y], data[z], s=10, c='b', marker='.')
    ax.set_xlabel(x)
    ax.set_ylabel(y)
    ax.set_zlabel(z)
    plt.show()


graph3dc(train, 'age', 'bmi', 'charges')
```

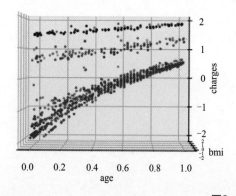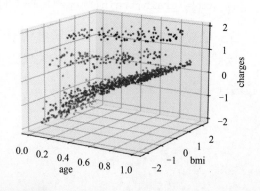

图9-8　聚类的结果

9.3.3 支持向量机分类算法

由于DBSCAN算法本身并不提供分类标准，因此使用DBSCAN算法得到每个样本的聚类标签后，需要根据这一结果采用其他方法得到一个分类标准，然后根据该标准对样本进行分类。使用graph3dc()函数观察样本的分布，可以发现age、bmi、smoker和样本的分类具有明显的关系，相应散点图如图9-9所示。

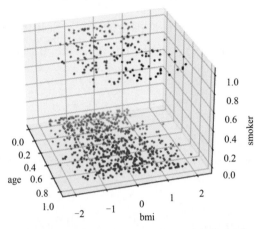

图9-9 使用age、bmi和smoker绘制的散点图

样本的分布具有明显的边界，因此适合使用支持向量机进行分类。支持向量机通过寻找支持向量表示一个平面，使用该平面对空间中的点进行划分，将两侧的点分别归为不同的类别。

Scikit-learn提供了支持向量机工具。相关代码如下，这段代码使用所有非噪声样本对支持向量机进行训练，并将支持向量机的预测结果和DBSCAN聚类的标签进行比较，得到分类的准确率约为83%。

```
from sklearn.svm import SVC

train_svm = train[train["type"] != -1]
svm = SVC(kernel='linear')
svm.fit(train_svm[["age", "bmi", "smoker"]], train_svm["type"])

train["type_predict"] = svm.predict(train[["age", "bmi", "smoker"]])
(train[train["type"] == train["type_predict"]]).shape[0] / train.shape[0]
```

代码运行结果如下。

```
0.8336448598130841
```

9.4 线性回归

在使用DBSCAN算法得到样本的类别后，分别对每一类样本进行线性回归，得到3个不同的线性模型。Scikit-learn提供了线性回归工具LinearRegression，使用该工具分别对3类样本进行拟合。观察图9-5可以发现，charges和age并非简单的线性关系，而是接近于二次函数的关系，因此构造新的属性age2表示age的平方，使用age、age2和bmi进行拟合。

在拟合之后，使用均方误差初步评估拟合的效果。Scikit-learn提供了计算均方误差的函数mean_squared_error()，可用于相应的计算，相关代码如下。

```python
from sklearn.linear_model import LinearRegression
from sklearn.metrics import mean_squared_error


train["age2"] = train["age"] ** 2


models = {}
for t in train["type"].unique():
    if t == -1:
        continue
    train_re = train[train["type"] == t]
    models[t] = LinearRegression()
models[t].fit(train_re[["age", "age2", "bmi"]], train_re["charges"])


train["charges_predict"] = 0
for t in train["type_predict"].unique():
    train.loc[train["type_predict"] == t, "charges_predict"] = \
        models[t].predict(train.loc[train["type_predict"] == t,
            ["age", "age2", "bmi"]])


mean_squared_error(train["charges"], train["charges_predict"])
```

代码运行结果如下。

```
0.18895087209527614
```

9.5 结果预测

对结果进行预测的代码如下。该代码读取test.csv文件并将预测结果写入submission.csv文件中。

```
test = pd.read_csv("test.csv")
submission = test.copy(deep=True)

test[['sex', 'smoker', 'region']] = \
    encoder.transform(test[['sex', 'smoker', 'region']])

test[['age']] = min_max_scaler.transform(test[['age']])
test[['bmi', 'charges']] = zscore_scaler.transform(test[['bmi',
'charges']])

test["type"] = svm.predict(test[["age", "bmi", "smoker"]])

test["age2"] = test["age"] ** 2
for t in test["type"].unique():
    test.loc[test["type"] == t, "charges"] = \
        models[t].predict(test.loc[test["type"] == t,
            ["age", "age2", "bmi"]])

test[["bmi", "charges"]] = zscore_scaler.inverse_transform(
test[["bmi", "charges"]])
submission["charges"] = np.exp(test["charges"])

submission.to_csv('submission.csv')
```

使用Seaborn提供的lineplot()函数绘制折线图，相关代码如下。

```
test = pd.read_csv("test.csv")
seaborn.lineplot(data={'test': test["charges"],
    'submission': submission["charges"]})
```

绘制的折线图如图9-10所示。本案例的预测结果和真实数值基本一致。

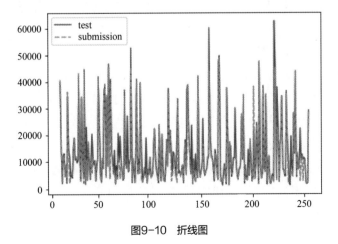

图9-10 折线图

第 **10** 章

案例：影评数据分析与电影推荐

本章将介绍一个利用机器学习进行影评数据分析的案例，并结合分析结果对用户进行电影推荐。数据分析是信息时代的基础且重要的工作，面对飞速增长的数据，如何从这些数据中挖掘到有价值的信息成为一个重要的研究方向。机器学习在各个领域的应用逐渐成熟，已成为数据分析和人工智能的重要工具。而数据分析和挖掘的一个重要目的就是推荐。推荐影响着人们的日常生活，从饮食到住宿、从购物到娱乐，都可以看到不同类型的推荐服务。本章将利用机器学习分析影评数据，实现电影推荐，展示数据分析的整个过程。

一般来说，数据分析可以简单划分为几个步骤：明确分析目标、数据准备、工具选择、初步分析。在本章的实践中，这些步骤都会有所体现。

10.1　明确分析目标与数据准备

分析目标往往是根据实际的研究或者业务需要提出的，可以分为阶段性目标和总目标。而数据准备就是根据分析目标，收集、积累、清洗和整理所需数据。在实际操作时，明确分析目标与数据准备并没有严格的时间界限。例如，在建立分析目标前，数据已经有所积累，此时往往就会基于已有的数据来明确分析目标，如果数据不够充分或无法完全满足需求，则需要对数据进行补充、整理。

本案例的总目标相对来说比较明确，就是要根据用户对不同电影的评分情况实现电影推荐。要实现这个总目标，其阶段性目标是"找出和某用户有类似观影爱好的用户""找出和某一部电影有相似的受众的电影"等。而要完成这些阶段性目标，接下来要做的就是准备分析需要的数据。

在进行数据采集时，需要根据实际的业务环境选择采集方式，例如使用网络爬虫、对接数据库、使用接口等。有时候，在进行监督学习时需要对采集的数据进行手动标记。根据分析目标，本案例需要的是用户对电影的评分数据，所以可以使用网络爬虫获取豆瓣电影影评数据。需要注意的是，和用户信息相关的数据需要进行脱敏处理。本案例使用的是开源的数据，而且网络爬虫不是本章的重点，所以在此不再进行说明。

获取的数据存储在两个文件中：包含加密的用户id、电影id、评分值的用户评分文件ratings.csv和包含电影id、电影名称的电影信息文件movies.csv。本案例的数据较为简单，所以基本可以省去特征方面的复杂处理过程。

> **提示**
>
> 实际操作中，如果获取的数据质量无法保证，就需要对数据进行清洗，包括对数据格式的统一、缺失值的补充等。数据清洗完成后需要对数据进行整理，例如根据业务逻辑进行分类、去除冗余数据等。数据整理完成后需要选择合适的特征，而且特征的选择也会根据后续的分析变化。关于特征的处理有一个专门的研究方向，就是特征工程，这是数据分析过程中很重要而且耗时较长的部分。

10.2 工具选择

在实现分析目标之前，需要对数据进行统计分析，从而了解数据的分布情况，以及数据的质量是否能够支撑我们的分析目标。而很适合用于完成这个工作的一个工具就是Pandas。

Pandas是一个强大的分析结构化数据的工具集，它用于数据挖掘和数据分析，也提供数据清洗功能。Pandas的主要数据结构是Series（一维数据）与DataFrame（二维数据），这两种数据结构足以处理金融、统计、社会科学、工程等领域里的大多数数据。本案例使用的是二维数据，所以大部分操作是和DataFrame相关的。DataFrame是Pandas中的一个表格型数据结构，包含一组有序的列，每列可以是不同类型的值。DataFrame既有行索引也有列索引，可以被看作由Series组成的字典。

开发工具可以选择Jupyter Notebook。Jupyter Notebook支持40多种编程语言，它的本质是一个Web应用程序，用于创建和共享程序文档，支持实时代码、数学方程和可视化。由于其具有交互灵活的优势，因此很适合探索性质的开发工作。其安装和使用比较简单，这里不做详细介绍。推荐使用VS Code开发工具，该工具可以直接支持Jupyter Notebook，不需要手动启动服务。Jupyter Notebook的界面如图10-1所示。

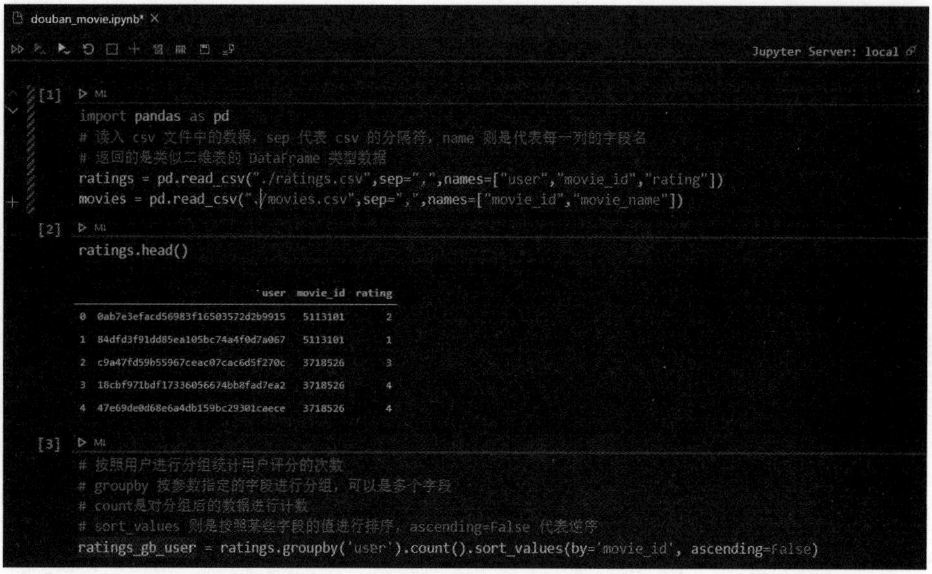

图10-1　Jupyter Notebook的界面

10.3　初步分析

　　准备好环境和数据之后需要对数据进行初步的分析，一方面可以初步了解数据的构成，另一方面可以判断数据的质量。然后再根据得到的结果进行深入的挖掘，得到有价值的结果。对于当前的数据，我们可以分别从用户和电影两个角度入手。而在进入初步分析之前，需要导入基础的用户评分数据和电影信息数据，代码如下。读取CSV文件中的数据，sep代表读取文件时使用的分隔符，names则代表列名称的列表，返回的是类似二维表的DataFrame类型的数据。

```
import pandas as pd
ratings = pd.read_csv("./ratings.csv",sep=",",names=["user","movie_
id","rating"])
movies = pd.read_csv("./movies.csv",sep=",",names=["movie_id","movie_name"])
```

10.3.1　从用户角度分析

　　首先可以使用Pandas的head()函数来看一下ratings的结构，代码及结果如下。head()是DataFrame的成员函数，用于返回前n行数据，n是参数，代表选择的行数，默认值是5。

```
ratings.head()
 user                                  movie_id      rating
0ab7e3efacd56983f16503572d2b9915       51131012         2
84dfd3f91dd85ea105bc74a4f0d7a067       51131011         1
c9a47fd59b55967ceac07cac6d5f270c       37185263         3
18cbf971bdf17336056674bb8fad7ea2       37185264         4
47e69de0d68e6a4db159bc29301caece       37185264         4
```

可以看到，用户id是长度一致的字符串（实际上是经过MD5处理的字符串），电影id是数字，所以在之后的分析过程中，电影id可能会被当作数字来进行运算。如果想看一下一共有多少条数据，可以执行rating.shape（即该数据的维度信息），输出的"（1048575，3）"代表一共有将近105万条数据，3则代表上面提到的3列。

可以看一下用户的评分情况，例如一共有多少人参与评分，每个人参与了多少次评分。由于每个用户可以对多部电影进行评分，所以可以按用户进行分组，然后使用count()来统计数量。为了方便查看，可以对分组并计数后的数据进行排序。再使用head()函数查看排序后的情况。代码及结果如下。其中，groupby()用于按参数指定的属性（可以是多个属性）进行分组，count()用于对分组后的数据进行计数，sort_values()用于按照某些属性的值进行排序，ascending=False代表逆序。

```
 ratings_gb_user = ratings.groupby('user').count().sort_values(by='movie_
id', ascending=False)
 ratings_gb_user.head()
user                                  movie_id      rating
535e6f7ef1626bedd166e4dfa49bc0b4       1149          1149
425889580eb67241e5ebcd9f9ae8a465       1083          1083
3917c1b1b030c6d249e1a798b3154c43       1062          1062
b076f6c5d5aa95d016a9597ee96d4600       864           864
b05ae0036abc8f113d7e491f502a7fa8       844           844
```

可以看出评分次数最多的用户id是535e6f7ef1626bedd166e4dfa49bc0b4，该用户一共参与了1149次评分。由于计数规则一致，这里movie_id和rating的数据是相同的，属于冗余数据。但是使用head()函数能看到的数据太少，所以可以使用describe()函数来查看统计信息，代码及结果如下。

```
 ratings_gb_user.describe()
            movie_id            rating
count       273826.000000       273826.000000
mean        3.829348            3.829348
std         14.087626           14.087626
min         1.000000            1.000000
25%         1.000000            1.000000
```

50%	1.000000	1.000000
75%	3.000000	3.000000
max	1149.000000	1149.000000

从输出的信息中可以看出，一共有273826个用户参与评分，用户评分的平均次数是3.829348次。标准差是14.087626，相对来说还是比较大的。而从最大值、最小值和中位数可以看出大部分用户对电影的评分次数较少。

如果想更直观地查看数据的分布情况，则可以绘制直方图，代码如下。

```
ratings_gb_user.movie_id.hist(bins=50)
```

输出的直方图如图10-2所示。

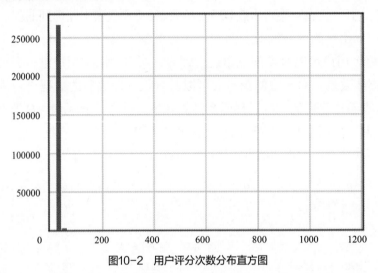

图10-2　用户评分次数分布直方图

从图10-2可以看出用户评分次数集中在很低的区域。如果想查看某一个区间的数据，可以使用range参数，例如，查看评分次数在1到10之间的用户分布情况，range参数就可以设置为[1，10]。代码如下。

```
ratings_gb_user.movie_id.hist(bins=50, range=[1,10])
```

输出的直方图如图10-3所示。

可以看到，评分次数多的用户数越来越少，而且结合之前的分析，大部分（75%）用户的评分次数都是小于4次的。

除了对评分次数进行分析，我们还可以对评分值进行统计。代码及结果如下。其中，groupby()用于按参数指定的属性（可以是多个属性）进行分组，sort_values()用于按照某些属性的值进行排序，ascending=False代表逆序。

```
user_rating = ratings.groupby('user').mean().sort_values(by='rating',
ascending=False)
user_rating.rating.describe()
```

```
count        273826.00000
mean              3.439616
std               1.081518
min               1.000000
25%               3.000000
50%               3.500000
75%               4.000000
max               5.000000
Name: rating, dtype: float64
```

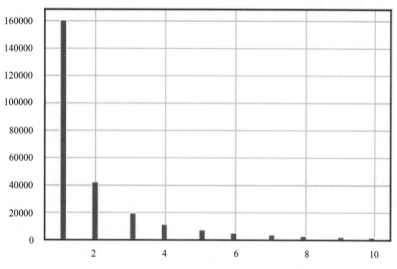

图10-3　选定区域内用户评分次数分布直方图

从结果可以看出，所有用户的评分的均值是3.439616，而且大部分（75%）用户的评分在4分左右，所以整体的评分还是比较高的，说明用户对电影的态度并不是很苛刻，或者收集的数据中电影的总体质量不错。

可以将评分次数和评分值进行结合，从二维的角度进行观察。代码如下。其中groupby()用于按参数指定的属性（可以是多个属性）进行分组，sort_values()用于按照某些属性的值进行排序，ascending=False代表逆序。

```
user_rating = ratings.groupby('user').mean().sort_values(by='rating',
ascending=False)
ratings_gb_user = ratings_gb_user.rename(columns={'movie_id_x':'movie_
id','rating_y':'rating'})
ratings_gb_user.plot(x='movie_id', y='rating', kind='scatter')
```

通过DataFrame的plot()函数，可以得到图10-4所示的散点图。

从散点图中可以看到，分布大体上呈">"形状，表示大部分用户的评分次数较少，而且中间分数偏多。

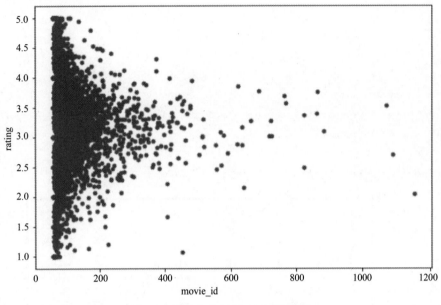

图10-4　用户评分次数与评分值散点图

10.3.2　从电影角度分析

下面用相似的办法从电影的角度来查看数据的分布情况，例如每一部电影被评分的次数。要获取每一部电影被评分的次数就需要对电影id进行分组和计数，为了提高数据的可读性，可以通过关联操作将电影的名称显示出来。通过Pandas的merge()函数，我们可以很容易完成数据的关联操作，代码及结果如下。在merge()函数中，how参数代表关联的方式，例如inner是内关联，left是左关联，right代表右关联；on参数用于设置关联时使用的键名，由于ratings和movies对应的电影的属性是一样的，所以可以只传入movie_id，否则需要使用left_on和right_on参数。

```
ratings_gb_movie = ratings.groupby('movie_id').count().sort_
values(by='user', ascending=False)
ratings_gb_movie = pd.merge(ratings_gb_movie,movies, how='left',
on='movie_id')
ratings_gb_movie.head()
movie_id     user      rating     movie_name
3077412      320       320        寻龙诀
1292052      318       318        肖申克的救赎
25723907     317       317        捉妖记
1291561      317       317        千与千寻
2133323      316       316        白日梦想家
```

可以看到，被评分次数最多的电影是《寻龙诀》，一共被评分320次。同样，user和rating的数据属于冗余数据。下面来看一下详细的统计数据和直方图，代码及结果如下。

```
ratings_gb_movie.user.describe()
count        22847.00000
mean         45.895522
std          61.683860
min          1.000000
25%          4.000000
50%          17.000000
75%          71.000000
max          320.000000
ratings_gb_user.movie_id.hist(bins=50)
```

输出的直方图如图10-5所示。

可以看到，一共有22847部电影被用户评分，平均被评分次数接近46，大部分（75%）电影被评分次数为71次。从直方图可以看出，被评分100次和200次左右的电影数有不太正常的增加，再加上从统计数据中可以看到分布的标准差比较大，可以知道其实数据质量并不是太高，但整体上的趋势还是符合常理的。

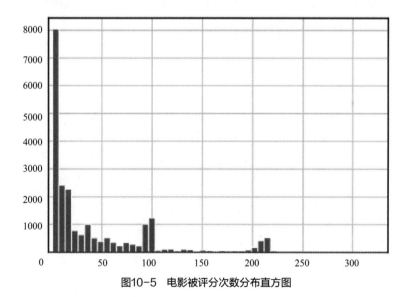

图10-5　电影被评分次数分布直方图

接下来对评分值进行观察，代码及结果如下。

```
movie_rating = ratings.groupby('movie_id').mean().sort_values(by='rating',
ascending=False)
movie_rating.describe()
count        22847.000000
mean         3.225343
```

```
std          0.786019
min          1.000000
25%          2.800000
50%          3.333333
75%          3.764022
max          5.000000
```

从统计数据中可以看出所有电影的平均分数和中位数很接近，约3.3，说明整体的分布比较均匀。然后可以将电影被评分次数和评分值结合进行观察，代码及结果如下。

```
ratings_gb_movie = pd.merge(ratings_gb_movie, movie_rating, how='left',
on='movie_id')
ratings_gb_movie.head()
movie_id     user         rating_x        movie_name      rating_y
3077412      320          320             寻龙诀           3.506250
1292052      318          318             肖申克的救赎      4.672956
25723907     317          317             捉妖记           3.192429
1291561      317          317             千与千寻         4.542587
2133323      316          316             白日梦想家       3.990506
ratings_gb_movie.plot(x=' user', y='rating', kind='scatter')
```

使用plot()函数输出的散点图如图10-6所示。

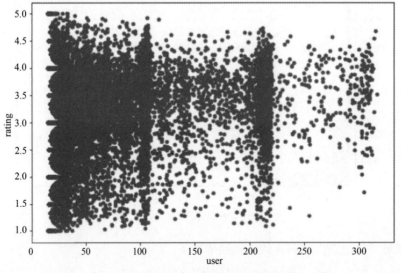

图10-6　电影被评分次数和评分分布散点图

从输出的数据可以看出，有些电影（如《寻龙诀》）被评分的次数很多，但是综合评分并不高，这也符合实际的情况。从输出的散点图中可以看到，总体上分布呈"＞"形状，但是在被评分次数为100和200左右出现了比较分散的情况，和之前的直方图是相对应的，这也许是一种特殊现象，也许是一种规律，需要更多的数据来进行分析和研究。

> **提示**
>
> 当前的分析结果可用于其他研究，例如做一个观众评分次数排行榜或者电影评分排行榜等，结合电影标签就可以做用户的观影兴趣分析。

10.4　电影推荐

在对数据有足够的认知之后，我们需要根据当前数据给用户推荐其没有看过的、很有可能会喜欢的电影。推荐算法大致可以分为3类：协同过滤推荐算法、基于内容的推荐算法和基于知识的推荐算法。其中，协同过滤推荐算法是诞生较早且较为出名的算法，其通过对用户历史行为数据的挖掘发现用户的偏好，基于不同的偏好对用户进行群组划分并推荐相似的商品。

协同过滤推荐算法分为两类，分别是基于用户的协同过滤推荐算法和基于物品的协同过滤推荐算法。基于用户的协同过滤推荐算法是通过用户的历史行为数据发现用户对商品或内容的行为（如商品购买、收藏、内容评论或分享），并对这些行为进行度量和打分。根据不同用户对相同商品或内容的态度和偏好程度计算用户之间的关系，然后对有相同喜好的用户进行商品推荐。其中比较重要的就是距离的计算，在推荐系统中，距离的计算是用于衡量两个对象之间相似度的重要步骤。距离越小，两个对象的相似度越高；距离越大，两个对象的相似度越低。通常可以使用余弦相似性、Jaccard来实现距离的计算。整体的实现思路是：使用余弦相似性构建邻近性矩阵，然后使用KNN（K-Nearest Neighbor，K最近邻）算法从邻近性矩阵中找到与某用户邻近的用户，并将这些邻近用户点评过的电影作为备选，通过邻近性权重计算推荐的得分，相同的分数可以累加，最后排除该用户已经评分的电影。部分代码如下。

```
# 根据余弦相似性建立邻近性矩阵
ratings_pivot=ratings.pivot('user','movie_id','rating')
ratings_pivot.fillna(value=0)
m,n=ratings_pivot.shape
userdist=np.zeros([m,m])
for i in range(m):
    for j in range(m):
        userdist[i,j]=np.dot(ratings_pivot.iloc[i,],ratings_pivot.iloc[j,]) \
        /np.sqrt(np.dot(ratings_pivot.iloc[i,],ratings_pivot.iloc[i,])\
        *np.dot(ratings_pivot.iloc[j,],ratings_pivot.iloc[j,]))
```

```
proximity_matrix=pd.DataFrame(userdist,index=list(ratings_pivot.
index),columns=list(ratings_pivot.index))

# 找到邻近的k个值
def find_user_knn(user, proximity_matrix=proximity_matrix, k=10):
    nhbrs=userdistdf.sort(user,ascending=False)[user][1:k+1]
    #在一列中降序排列，除去第一个值（自己）后为邻近用户
    return nhbrs

# 获取推荐电影的列表
def recommend_movie(user, ratings_pivot=ratings_pivot, proximity_
matrix=proximity_matrix):
    nhbrs=find_user_knn(user, proximity_matrix=proximity_matrix, k=10)
    recommendlist={}
    for nhbrid in nhbrs.index:
        ratings_nhbr=ratings[ratings['user']==nhbrid]
        for movie_id in ratings_nhbr['movie_id']:
            if movie_id not in recommendlist:
                recommendlist[movie_id]=nhbrs[nhbrid]
            else:
                recommendlist[movie_id]=recommendlist[movie_id]+nhbrs[nhbrid]
    # 去除用户已经评分的电影
    ratings_user =ratings[ratings['user']==user]
    for movie_id in ratings_user['movie_id']:
        if movie_id in recommendlist:
            recommendlist.pop(movie_id)
    output=pd.Series(recommendlist)
    recommendlistdf=pd.DataFrame(output, columns=['score'])
    recommendlistdf.index.names=['movie_id']
    return recommendlistdf.sort('score',ascending=False)
```

> 🗨 提示
>
> 　　建立邻近性矩阵是很消耗内存的操作，如果执行过程中出现内存错误，则需要换用内存更大的机器来运行，或者对数据进行采样处理，从而减少计算量。

　　代码中给出的是基于用户的协同过滤推荐算法，可以试着使用基于物品的协同过滤推荐算法来实现电影推荐，然后对比这两种算法的结果。

第 **11** 章

案例：新生数据分析与可视化

　　每到开学季，很多学校都会为新生制作一份描述性统计分析报告，并用公众号推送给新生，让新生对学校有一个初步的印象。这份报告里面有各式各样的统计图，帮助新生直观地认识各种数据。本案例将介绍如何使用Python来完成这些统计图的制作。本案例将提供一份XLS格式的数据（见本书配套资源），里面有新生的年龄、身高、籍贯等基本信息。

11.1　使用Pandas进行数据预处理

　　首先用Pandas中的read_excel()函数将表格信息导入，并查看数据。

```
import pandas as pd
pd.set_option('display.unicode.ambiguous_as_wide', True)
pd.set_option('display.unicode.east_asian_width', True)
#读取数据
data = pd.read_excel(r'D:\编程\机器学习与建模\可视化\小组作业使用数据.xls')
#查看数据
print(data.head())
print(data.shape)
print(data.dtypes)
print(data.describe())
```

　　代码运行结果如下。

	序号	性别	年龄	身高	体重	籍贯
0	1	女	19	164	57.4	陕西
1	2	男	19	173	63.0	福建
2	3	男	21	177	53.0	天津

```
3      4    女     19    160   94.0    宁夏
4      5    男     20    183   65.0    山东
(160, 7)
序号      int64
性别      object
年龄      int64
身高      int64
体重      float64
籍贯      object
```

	序号	年龄	身高	体重
count	160.000000	160.000000	160.000000	160.000000
mean	80.500000	19.831250	173.962500	67.206875
std	46.332134	2.495838	7.804117	14.669873
min	1.000000	18.000000	156.000000	42.000000
25%	40.750000	19.000000	168.750000	56.750000
50%	80.500000	20.000000	175.000000	65.250000
75%	120.250000	20.000000	180.000000	75.000000
max	160.000000	50.000000	188.000000	141.200000

由以上输出结果可以看出一共有160条数据，每条数据有6个属性，其名称和类型都已给出。使用Pandas为DataFrame类型的数据提供的describe()函数，可以求出每一列数据的数量（count）、均值（mean）、标准差（std）、最小值（min）、下四分位数（25%）、中位数（50%）、上四分位数（75%）、最大值（max）等统计指标。

对于"籍贯"等字符串类型的数据，describe()函数无法直接使用，我们可以将其类型改为category（类别），代码如下。

```
data['籍贯'] = data['籍贯'].astype('category')
print(data.籍贯.describe())
```

代码运行结果如下。

```
count       160
unique       55
top       山西省
freq         10
Name: 籍贯, dtype: object
```

输出结果中，count表示非空数据条数，unique表示去重后的非空数据条数，top表示数量最多的数据，freq表示最多数据出现的频次。

去重后的非空数据条数为55，这说明数据存在问题。在将"籍贯"改为category类型后，可以调用cat.categories来查看所有此类数据，这将帮助我们发现原因。代码如下。

```
print(data.籍贯.cat.categories)
```

代码运行结果如下。

```
Index(['上海市', '云南', '内蒙古', '北京', '北京市', '吉林省', '吉林长春',
       '四川', '四川省', '天津', '天津市', '宁夏回族自治区', '宁夏', '安徽',
       '安徽省', '山东', '山东省', '山西', '山西省', '广东', '广东省',
       '广西壮族自治区', '新疆', '新疆维吾尔自治区', '江苏', '江苏省', '江西',
       '江西省', '河北', '河北省', '河南', '河南省', '浙江', '浙江省',
       '海南省', '湖北', '湖北省', '湖南', '湖南省', '甘肃', '甘肃省', '福建',
       '福建省', '西藏', '西藏自治区', '贵州省', '辽宁', '辽宁省', '重庆',
       '重庆市', '陕西', '陕西省', '青海', '青海省', '黑龙江省'],
      dtype='object')
```

可以看到数据并不是十分完美，同一省份（或自治区、直辖市）有不同的名称，例如"山东"和"山东省"。这说明在采集数据时考虑不周，没有统一名称。这种情况在实际工作中十分常见。而借助Python，可以在数据规模庞大时高效、准确地完成数据清洗工作。

这里要用到apply()函数。apply()函数是Pandas中自由度较高的函数，有着十分广泛的用途。代码如下。

```
data['籍贯'] = data['籍贯'].apply(lambda x: x[:2])
print(data.籍贯.cat.categories)
```

代码运行结果如下。

```
Index(['上海', '云南', '内蒙', '北京', '吉林', '四川', '天津', '宁夏', '安徽',
       '山东', '山西', '广东', '广西', '新疆', '江苏', '江西', '河北', '河南',
       '浙江', '海南', '湖北', '湖南', '甘肃', '福建', '西藏', '贵州', '辽宁',
       '重庆', '陕西', '青海', '黑龙'],
      dtype='object')
```

从这个例子里可以初步体会到apply()函数的妙处。这里将第一个参数设置为一个lambda()函数，其功能很简单，就是取每个字符串的前两位。这样处理后的数据就规范多了，也有利于后续的统计工作。但仔细观察后发现，仍存在问题。像"黑龙江省"这样的名称，前两个字"黑龙"显然不能代表这个省份。这时可以另外编写一个函数，代码如下。

```
def deal_name(name):
    if '黑龙江' == name or '黑龙江省' == name:
      return '黑龙江'
    elif '内蒙古自治区' == name or '内蒙古' == name:
        return '内蒙古'
```

```
    else:
        return name[:2]
data['籍贯'] = data['籍贯'].apply(deal_name)
print(data.籍贯.cat.categories)
Index(['上海', '云南', '内蒙古', '北京', '吉林', '四川', '天津', '宁夏',
       '安徽', '山东', '山西', '广东', '广西', '新疆', '江苏', '江西', '河北',
       '河南', '浙江', '海南', '湖北', '湖南', '甘肃', '福建', '西藏', '贵州',
       '辽宁', '重庆', '陕西', '青海', '黑龙江'],
      dtype='object')
```

如果想将数据中的省份（或自治区、直辖市）名称都换为全称或简称，编写对应功能的函数就可以实现。对其他数据的处理同理。

11.2　使用Matplotlib绘图

处理完数据就进入绘图环节。首先绘制男生身高分布的直方图，代码如下。

```
import matplotlib.pyplot as plt
#设置中文字体
plt.rcParams['font.sans-serif'] = ['Microsoft YaHei']
#选中男生的数据
male = data[data.性别 == '男']
#检查身高是否有缺失
if any(male.身高.isnull()):
    #存在数据缺失时丢弃缺失数据
    male.dropna(subset=['身高'], inplace=True)
#画直方图
plt.hist(x = male.身高, # 指定绘图数据
        bins = 7, # 指定直方图中柱形的个数
        color = 'steelblue', # 指定直方图的填充色
        edgecolor = 'black', # 指定柱形的边框色
        range = [155,190], #指定直方图区间
        density=False #指定直方图纵坐标为频数
        )
# 添加x轴和y轴标签
plt.xlabel('身高(cm)')
plt.ylabel('频数')
# 添加标题
plt.title('男生身高分布')
# 显示图形
```

```
plt.show()
#保存图片到指定目录
plt.savefig(r'D:\figure\男生身高分布.png')
```

使用plt.hist()时，需要留意的参数有3个：bins、range和density。bins决定画出的直方图有几个柱形，range决定直方图的区间，默认为给定数据中的最小值和最大值，通过控制这两个参数就可以控制直方图的区间划分。示例代码中将[155, 190]划分为7个区间，每个区间长度恰好为5。density参数默认为False，此时直方图纵坐标的含义为频数。男生身高分布图如图11-1所示。

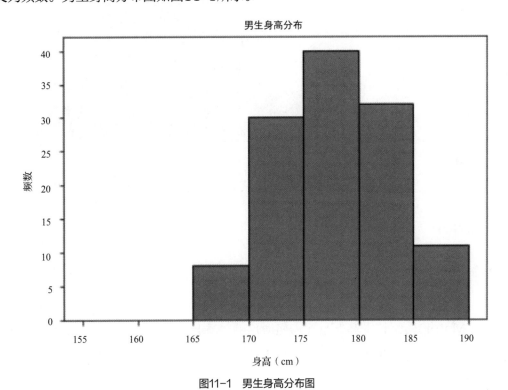

图11-1 男生身高分布图

为了判断男生的身高是否服从正态分布，我们可以在直方图上加一条正态分布曲线来直观地比较。需要注意，此时直方图的纵坐标必须代表频数，否则正态分布曲线就失去了意义。在上述代码中添加如下内容。

```
import numpy as np
from scipy.stats import norm
x1 = np.linspace(155, 190, 1000)
normal = norm.pdf(x1, male.身高.mean(), male.身高.std())
plt.plot(x1, normal, 'r-', linewidth=2)
```

可以看出男生身高分布与正态分布比较吻合，如图11-2所示。

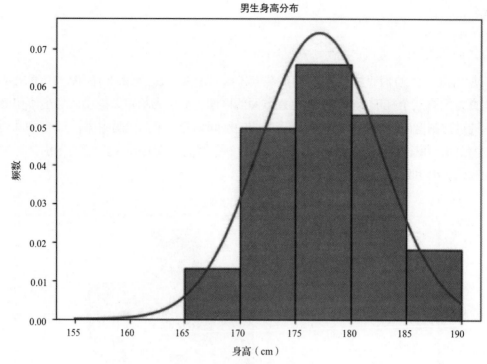

图11-2　男生身高分布图拟合曲线

11.3　使用Pandas绘图

除了Matplotlib外，读取Excel表格时用的Pandas也可以用于绘图。Pandas里的绘图方法其实是Matplotlib里plot()的高级封装，使用起来更简单、方便。这里用柱形图的绘制进行示范。

首先用Pandas统计男生和女生的数量，将结果以DataFrame类型存储。代码如下。

```
people_counting = data.groupby(['性别','籍贯']).size()
p_c = {'男': people_counting['男'], '女': people_counting['女']}
p_c = pd.DataFrame(p_c)
print(p_c.head())
```

代码运行结果如下。

```
         女    男
籍贯
内蒙古  1.0  1.0
北京    4.0  4.0
```

四川	2.0	8.0
宁夏	2.0	NaN
山东	3.0	8.0

绘图的部分代码如下，坐标轴标签和标题的设置方法与Matplotlib中一致。

```
#空缺值设为0（没有数据就是0条数据）
p_c.fillna(value=0, inplace=True)
#调用DataFrame中封装的plot()函数
p_c.plot.bar(rot=0, stacked=False)
plt.xticks(rotation=90)
plt.xlabel('籍贯')
plt.ylabel('人数/人')
plt.title('新生籍贯分布')
plt.show()
plt.savefig(r'D:\figure\新生籍贯分布')
```

使用封装好的plot()函数，图例自动生成，代码有所简化。生成的堆叠柱形图如图11-3所示。

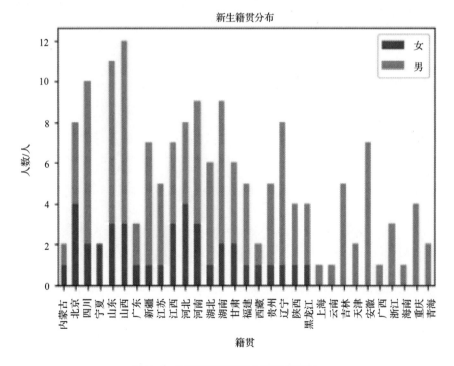

图11-3 新生籍贯分布图（堆叠柱形图）

将plot.bar()的stacked参数改为True，得到的图为非堆叠柱形图，如图11-4所示。

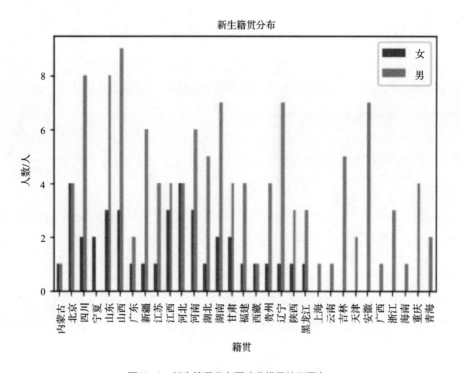

图11-4　新生籍贯分布图（非堆叠柱形图）